ZEITSCHRIFT FÜR ANGEWANDTE GEOLOGIE

HERAUSGEGEBEN VON

DER STAATLICHEN GEOLOGISCHEN KOMMISSION

UND DER ZENTRALEN VORRATSKOMMISSION

DER DEUTSCHEN DEMOKRATISCHEN REPUBLIK

AUS DEM INHALT

AKADEMIE-VERLAG · BERLIN

BAND 9 / HEFT 4

APRIL 1963

SEITE 169—224

	INHALT	СОДЕРЖАНИЕ	CONTENTS	

Die ZEITSCHRIFT FÜR ANGEWANDTE GEOLOGIE berichtet ständig über folgende Arbeitsgebiete: Geologische Grundlagenforschung und Lagerstättenforschung / Methodik der geologischen Erkundung / Ökonomie und Planung der geologischen Erkundung / Technik der geologischen Erkundung / Geologie und Lagerstättenkunde im Ausland. In der Zeitschrift können alle strittigen Fragen der praktischen Geologie behandelt werden. Die Autoren übernehmen für ihre Aufsätze die übliche Verantwortung.

ZEITSCHRIFT FÜR ANGEWANDTE GEOLOGIE

KOLLEKTIVE CHEFREDAKTION

Dr. K. KAUTER (Redaktionssekretär)
Dr. F. STAMMBERGER
Dr. G. TISCHENDORF
Dipl.-Berging.-Geol. G. ZINDLER

BAND 9 · APRIL 1963 · HEFT 4

Geologische Ergebnisse der Erkundungsarbeiten auf Kupferschiefer im Raum Spremberg–Weißwasser[1)]

RUDOLF FRANZ & DIETER RUSITZKA, Berlin

(Mitteilung des VEB Geologische Erkundung Süd, Freiberg, Sa.)

Vorbemerkungen

In den Jahren 1954—1961 wurden zahlreiche Bohrungen zur Kartierung des prätertiären Untergrundes und zur Vorerkundung auf erzführenden Kupferschiefer im Bereich der Struktur Mulkwitz zwischen Spremberg und Weißwasser durchgeführt. Die Ergebnisse tragen zu einer Bereicherung der Kenntnisse über das Prätertiär der Lausitz bei und sollen im folgenden zusammenfassend dargelegt werden. Der Veröffentlichung werden weitere Beiträge über spezielle Arbeiten von ehemaligen Mitarbeitern der Objektgruppe folgen. Vorliegende Arbeit schließt zu einem Teil an die von F. KÖLBEL (1958, 1961) gegebenen Darstellungen an.

Allgemeine geologische Charakteristik

Die Struktur Mulkwitz ist eine von vorwiegend herzynisch streichenden Störungen begrenzte Hochlage triadischer und permischer Schichten unter einer 200 bis 280 m mächtigen Pleistozän- und Tertiärbedeckung. Sie schließt als südöstlichste Fortsetzung an die sogenannte Lausitzer Triasplatte an und ordnet sich somit in das großräumige geologische Bild ein, in dem zahlreiche herzynisch, rheinisch und E–W streichende Antiklinalstrukturen mit Muschelkalk- und Buntsandsteinaufragungen wie die von Rüdersdorf, Groß Köris, Staakow, Buchholz, Blönsdorf u. a. im Verlauf des Prignitz—Lausitzer Walles zu verfolgen sind (H. KÖLBEL 1957).

Im Zentrum der ca. 35 km langen und bis 12 km breiten Hochscholle streicht Hauptdolomit unter Tertiär aus. Zu den Rändern hin und auf den Randstaffeln lagern die jüngeren Schichten des Zechsteins, Buntsandsteins und Muschelkalks auf (s. Abb. 1). Oberer Muschelkalk und Unterer Keuper wurden lediglich in den nördlich der Struktur niedergebrachten Bohrungen angetroffen. In der Bohrung Spremberg 70 bei Bagenz wird Keuper bereits von Kreide überlagert. Die in diesem Aufschluß und ebenso in den Bohrungen Spremberg 8, 64E, 67, 84 u. a. nachgewiesenen Kreidesedimente gehören zu Ablagerungen innerhalb der nordsudetischen Kreidemulde, deren Ausläufer heute die Struktur im NE, E und S zangenförmig umschließen.

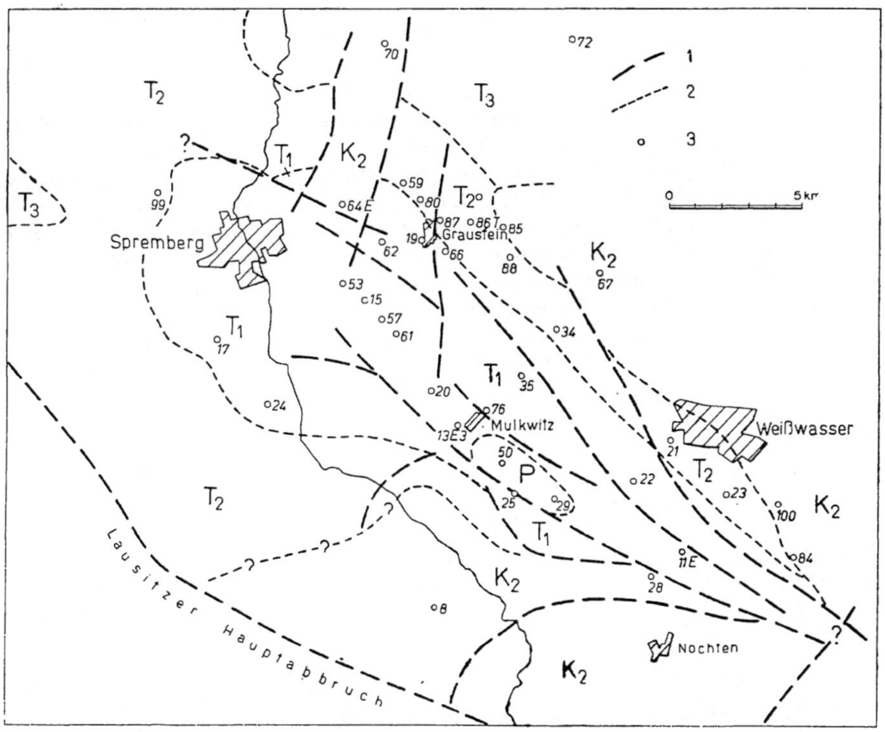

Abb. 1. Abgedeckte Geologische Karte des Prätertiärs im Gebiet Spremberg—Weißwasser (Struktur Mulkwitz)

K_2 — Oberkreide, Cenoman, Turon; T_3 — Keuper; T_2 — Muschelkalk; T_1 — Buntsandstein; P — Perm, Zechstein; 1 — Störungen; 2 — Schichtgrenzen; 3 — Bohrung mit Nr.

1) Eingang des Manuskripts in der Redaktion: 9. 11. 1962

Nach NW taucht die Hochscholle allmählich unter Auflagerung der jüngeren Triasschichten ab, während sich nach SE die Scholle heraushebt und zwischen einer SW- und NE-Randstörung keilförmig begrenzt wird. Am NE- und SW-Rand bedingen herzynisch streichende Störungen einen staffelartigen Strukturabbruch. Quer zu diesen generell herzynisch streichenden Störungselementen bestimmt ein N–S bis rheinisch verlaufender Graben das tektonische Bild am Nordrand der Hochscholle. Am Kontakt grenzen Kreideablagerungen gegen Sedimente des Oberen Buntsandsteins und Unteren Muschelkalks.

Stratigraphie

Altpaläozoikum und terrestrisches Jungpaläozoikum

Unter geringmächtigem Zechsteinkonglomerat sind im SW-Teil des Erkundungsgebietes graue bis violettfarbene Ton- und Schluffschiefer bekannt geworden, die in den Bohrungen mit deutlicher Lagerungsdiskordanz zum Hangenden ca. 45° einfallen. Diese Schiefer könnten nach erstem Vergleich mit den in der Bohrung Spremberg 6 angetroffenen Schichten devonisches Alter besitzen. Nordöstlich davon treten schwach metamorphe Sand- und Grauwackensandsteine unbestimmten Alters in Wechsellagerung auf. In der Bohrung Spremberg 76 (bei Mulkwitz) wurden unter Zechsteinkonglomerat und Rotliegendem(?) Konglomerate, Grauwackensandsteine und Tongesteine erbohrt, für die eine rötlichbraune bis rötlichgraue Farbe, ein relativ stärkerer Diagenesegrad und ein gleichförmiger Stoffbestand typisch sind und die diese Ablagerungen vom Hangenden unterscheiden (nach SIEGERT). Die Konglomerate sind als feinkörnige Metamorphitkonglomerate zu bezeichnen. Eine Alterseinstufung dieser mit 100 m nicht durchteuften Serie war ebenfalls noch nicht möglich.

Als Rotliegendes wurden die im weitaus größten Teil des Gebietes unter dem Zechsteinkonglomerat auftretenden, gleichfalls vorwiegend terrigenen Sedimente eingestuft. Es sind Konglomerate, Sandsteine, Grauwackensandsteine, Grauwacken, Arkosen, Schluff- und Tongesteine mit einem von der oben erwähnten Schichtenfolge abweichenden Geröllbestand und einem geringeren Diagenesegrad. In dieser in der Bohrung Spremberg 76 ca. 140 m mächtigen Gesteinsserie treten bereits Gesteine der Liegendfolge als Gerölle auf. Bemerkenswert ist der relativ rasche Fazieswechsel in horizontaler und vertikaler Richtung, der durch Auskeilen sowie durch eine häufige Wechsellagerung der beteiligten Gesteine zum Ausdruck kommt. Gleichermaßen gestattet der wechselhafte Stoffbestand mit größerem Anteil an leicht zersetzbarem Material (granitische Gesteine, schwach verfestigte Sedimente), Feldspäten und Glimmern, sowie das Auftreten eines stark tonigen Bindemittels eine Abgrenzung zum Zechsteinkonglomerat.

Zechstein

Werra-Zyklus

Das Zechsteinkonglomerat (K_1) bildet auch in diesem Raum die Basis des Zechsteins im Liegenden des Kupferschiefers. Es ist ein graues, häufig scharfkantiges Konglomerat mit gelegentlichen Sandsteineinschaltungen. Nach Norden nehmen die Sandsteine an Mächtigkeit zu und vertreten die Konglomerate nahezu vollständig. Gleichzeitig steigt die Gesamtmächtigkeit dieser Schichtenfolge von ca. 4,0 m auf 14,0 m. Die Übergänge zwischen den beteiligten Gesteinen können sowohl scharf und unvermittelt als auch allmählich unter Zwischenschaltung von konglomeratischen Sandsteinen sein. Der Geröllbestand mit Tonschiefern, Kieselschiefern, Quarziten und Grauwackensandsteinen ist im Gegensatz zum Liegenden relativ gleichförmig. Die Gerölle sind teilweise plattig und eingeregelt, was auf fluviatile oder ufernahe Ablagerung schließen läßt. Über den altpaläozoischen Schiefern und Grauwackensandsteinen im SW-Teil des Gebietes erreicht die ausgesprochen konglomeratisch ausgebildete Folge nur eine Mächtigkeit von 0,15—0,30 m.

Mit scharfer Grenze zum liegenden Konglomerat bzw. Sandstein lagert der Kupferschiefer (T_1), der im Bereich der Struktur als feingeschichteter, bituminöser und dolomitischer Mergelschiefer ausgebildet ist. Die Farbe wechselt je nach Bitumengehalt zwischen grauschwarz und grau. In einigen Bohrungen tritt unter gleichzeitiger Zunahme des Kalk- bzw. Dolomitgehalts lagenweise eine hellere und dunklere Bänderung auf. In den oberen Teilen zeigt der Kupferschiefer bereits fazielle Beziehungen zu den erzführenden Mergeln der Haaseler und Gröditzer Mulde.

Die aus dem mitteldeutschen Raum bekannte Lageneinteilung (Feine Lette, Grobe Lette usw.) ist hier nicht eindeutig nachzuweisen. Es wurde eine den entsprechenden Verhältnissen angepaßte Zonengliederung nach Ritzhärte und Strichmehlfarbe durchgeführt. Allgemein nimmt die Härte zum Hangenden zu, während das Strichmehl heller wird. Die Zonen α, γ und ε (von unten nach oben) sind im Gegensatz zu den dazwischenliegenden Zonen β und δ relativ weich und durch ein dunkleres Strichmehl gekennzeichnet. Häufige Einschaltungen härterer Lagen in der Zone ε künden den Übergang zum hangenden Dolomitmergel an[2]).

Im Mergelschiefer, stellenweise in seinem liegenden Sandstein bzw. Konglomerat und hangenden Dolomitmergel konnte in der Mehrzahl der Bohrungen eine Zn-,Pb- oder Cu- bzw. polymetallische Vererzung nachgewiesen werden. Die Metallführung erstreckt sich vorwiegend auf einige Zonen und ist nur in wenigen Fällen in der gesamten Flözmächtigkeit und darüber hinaus festzustellen. Die Flözmächtigkeit schwankt im allgemeinen zwischen 0,6—1,4 m und ist somit größer als im Mansfelder und Sangerhäuser Gebiet. Als Erzminerale treten Bornit, Chalkosin, Chalkopyrit, Galenit, Cerussit, Sphalerit und als Durchläufer oft Pyrit und Markasit auf. Die Vererzungstypen zeigen zum mitteldeutschen Raum kaum irgendwelche Unterschiede (PLANERT 1961, SCHÜLLER 1957). In drei Kupferschieferkernen wurde der im Zechsteinmeer häufig auftretende *Palaeoniscus freieslebeni* gefunden.

0,4—3,0 m mächtige Zechsteinmergel (Ca_1m) vermitteln zum Zechsteinkalk bzw. -dolomit. In dunkelgrauen glimmerhaltigen, dolomitischen oder kalkigen Mergelsteinen sind einzelne Dolomit- oder Kalksteinbänkchen eingeschaltet. Stratigraphisch vertreten sie die Dachberge Mitteldeutschlands, leiten jedoch faziell

[2]) Dieses Gliederungsprinzip wird in einer speziellen Veröffentlichung behandelt werden.

Stratigraphisches Schema der Ablagerungen im Gebiet Spremberg—Weißwasser

Gruppe	System	Abteilung	Stufe (Zyklus)	Schichten	Symbol	Mächtigkeit in m	Charakteristische Gesteine
Känozoikum	Quartär	Holozän Pleistozän		Moränen-, Sander- und Talbldg.		20—160	Humose Sande, Schluffe, Torf Geschiebemergel, Sande, Kiese, Tone
	Tertiär: Neogen	Miozän		Raunoer Schichten Briesker Schichten Spremberger Schichten	N	— 30 — 80 — 50	Schluffe, Ton Braunkohle Sande
	Tertiär: Paläogen	Oligozän		Bitterfelder und Cottbusser Schichten	P_G	— 20 — 35	
Mesozoikum	Kreide	Obere Kreide (K_2)	Turon Cenoman	(Bis auf Ca_2d)	kro_{1-2}	400 (?)	Mergelst., Kalkschluffsteine mit Fossilien, Sandsteine glaukonitführend
	Trias	Keuper (T_3)	Unterer Keuper	ungegl. (Bis auf SO_2)	ku	40	Dolomitmergelsteine, Schluffe und Tonsteine mit Pflanzenresten
		Muschelkalk (T_2)	Oberer Muschelkalk	ungegl.	mo	41	Plattenkalke
			Mittlerer Muschelkalk		mm	54	Dolomit, Anhydrit, Gips, Mergelstein
			Unterer Muschelkalk (i. S. Rüdersdorf)	Schaumkalk Wellenkalk	mu_2 mu_1	50—70 55—63	Kalksteine, z.T. oolithisch, Mergelkalke, Kalksteine
		Buntsandstein (T_1)	Röt	Myophorienschichten		20—23	Plattenkalke, Mergelkalke,
				Mittlerer Röt	so_2	75—100	Kalk-Tonmergelst., Gips, Schluffstein
				Unterer Röt	so_1	45—48	Dolomit, Anhydrit
			Mittlerer und Unterer Buntsandstein		sm su	560—650 (?)	Vorwiegend Sandsteine, untergeordnet Schluff- und Tonstein
Paläozoikum	Perm	Zechstein (P_2)	Aller-Serie	Zechsteinletten Grenzanhydrit Jüngeres Steinsalz Pegmatitanhydrit Roter Salzton	Z_4t A_4r Na_4 A_4 T_4	14—0 0—2 0—2 0—1 0—8	
			Leine-Serie	Jüngeres Steinsalz Hauptanhydrit Grauer Salzton	Na_3 A_3 T_3	0—58 35—64 2,5—4	Anhydrit, Steinsalz Dolomit, Kalkstein, Ton-, Mergelsteine
			Staßfurt-Serie	Deckanhydrit Älteres Steinsalz Basalanhydrit Hauptdolomit	A_2r Na_2 A_2 Ca_2d	0—3,5 0—43 42—8 3—63	
			Werra-Serie	Oberer Werra-Anhydrit Ältestes Steinsalz Unterer Werra-Anhydrit Zechsteinkalk Zechsteinmergel Kupferschiefer Zechsteinkonglomerat	$A_1\beta$ Na_1 $A_1\alpha$ Ca_1 Ca_1m T_1 K_1S_1	35—80 0—260 45—140 12—129 2—3 0,7—1,4 0,2—14,0	 Konglomerate, Sandsteine
		Rotliegendes Oberkarbon (?)				> 140	Konglomerate, Sandsteine, Tonsteine
	Devon (?) bis Kambrium?	?					Ton- und Schluffschiefer Grauwacken, Konglomerate

zu den Blei- und Kupfermergeln der Gröditzer und Haaseler Mulde über.

Der Zechsteinkalk (Ca_1) erreicht im Südostteil des Gebietes Mächtigkeiten von maximal 130 m. Das Auftreten von *Fenestella retiformis*, Echinodermenresten (*Cyathocrinus ramosus*), Tetrakorallen (*Polycoelia profunda* und *Strophalosia* sp.) weist auf eine zeitweilige Flachwasser- bzw. beginnende Riffazies hin. Nach Westen zu nehmen die Mächtigkeiten ab, und es schalten sich mächtige Dolomitbänke ein, die den Kalkstein vollständig vertreten können. Im Raum Spremberg betragen die Mächtigkeiten nur noch 14—20 m. Charakteristisch ist eine grobrhythmische Schichtung von texturlosen und texturierten Kalksteinen bzw. Dolomiten, die sich bedingt parallelisieren lassen (nach TSCHORN).

Eine aus dem mitteldeutschen Raum als „Rote Fäule" bekannte Rotfärbung tritt teilweise in Bändern, Wolken,

Linsen und Punkten von blaßvioletter bis kräftiger rotbrauner Farbe auf. Diese Rotfärbung im Mergel und Kalkstein kann auch hier als Erkundungshinweis betrachtet werden, da größere Kupfererzanreicherungen jeweils am Rande des „Rote-Fäule-Bereiches" angetroffen wurden.

Im Übergang vom Zechsteinkalk ist der Untere Werra-Anhydrit ($A_1\alpha$) meist dolomitisch gebändert und gestreift — Zonen α und β (JUNG 1958).

Vereinzelt sind bis zu 2 m mächtige Dolomitbänke eingeschaltet. Nach oben wird diese Textur des bläulich- bis weißlichgrauen, vorwiegend dichten bis feinkristallinen Anhydrits von einer dolomitisch und tonig-bituminösen Maserung und Feinstreifung abgelöst, wobei eine Zonengliederung nach JUNG nicht durchgeführt werden konnte. Die Mächtigkeiten nehmen von ca. 40 m im SE bei Weißwasser auf ca. 140 m nordwestlich Spremberg zu. Mit Annäherung an das Älteste Steinsalz weist der Anhydrit in einer ca. 2 m mächtigen Folge polierte, teilweise feingerillte Gleitflächen auf, die 0—30° einfallen.

Ältestes Steinsalz (Na_1) ist als helles, glasklares bis durchscheinendes, von bis 50 mm mächtigen Anhydrit- und feinen Tonlagen durchzogenes Steinsalz aus dem Bereich der NW- und NE-Flanke bekannt. Es erreicht in der Bohrung Spremberg 99 (nordwestlich Spremberg) eine bisher bekannte maximale Mächtigkeit von 260 m.

Im Nordwestteil der Hochscholle der Struktur tritt eine salzhaltige Anhydritbrekzie als Äquivalent des Steinsalzes auf. Schwach kantengerundete Anhydritbrocken sind in einem braunschwarzen Salzton- und Tonanhydritmittel eingebettet. Die Mächtigkeit dieser Ablaugungs- oder syngenetischen Ausräumungsbrekzie nimmt von wenigen Metern bis auf 35 m in Annäherung an die Salzgrenze zu. Unter diesem Niveau und besonders im SE-Teil der Struktur weist der Anhydrit mit Tonanhydritlagen als rezessive tonig-karbonatisch betonte Einschaltungen nach dem Sr/Ca-Verhältnis einen Tiefpunkt der Salinität auf (GOTTESMANN 1960).

Der Obere Werra-Anhydrit ($A_1\beta$) unterscheidet sich vom Unteren durch seine dunklere Maserung und fein- bis mittelkristalline Struktur. Unmittelbar unter dem Hauptdolomit ist der Anhydrit meist 1 bis 2 m mächtig vergipst. Die Mächtigkeiten des Oberen Werra-Anhydrits schwanken zwischen 35 und 79 m.

Staßfurt-Zyklus

Der Hauptdolomit (Ca_2d) ist ein vorwiegend mikro- bis seltener mesokristalliner, teilweise kalkhaltiger Dolomit von hell- bis mittelgraubrauner Farbe. Er ist normalerweise grob gebankt und häufig stark geklüftet. Es treten neben plattigspaltenden und gestreiften Abarten besonders in den mittleren und tieferen Partien vereinzelte Lagen mit Ooiden auf, die eine „feinschaumige Porosität" vortäuschen (HESSMANN 1960). Dabei handelt es sich jedoch um ein geschlossenes Porenvolumen. Zum Hangenden ist der Dolomit stark mit Anhydrit-Gips-Augen durchsetzt.

Auf der N-Flanke der Struktur konnten unter Steinsalzbedeckung auf vereinzelten Klüften und Kavernen relativ stärkere Gas- und Ölspuren nachgewiesen werden. Die Mächtigkeit des Hauptdolomits nimmt von 3 m im SE auf 63 m im NW zu. In der Bohrung Spremberg 34 gefundene Fossilien wurden als *Edmondia elongata* HOWSE, *Myalina* (*Liebea*) *hausmanni* GOLDF., *Gervilleia* (*Bakewellia*) *ceratophaga* SCHLOTH. bestimmt (HALLER 1960).

Der Basalanhydrit (A_2) ist von blaugrauer Farbe und von fein- bis mittelkristalliner Struktur. In seinen unteren Partien treten teilweise noch bis zu 2 m mächtige Dolomitbänke als Rezessivphasen des Hauptdolomits auf. In Annäherung zum hangenden Steinsalz sind meist pegmatitartige Verwachsungen mit farblosem Steinsalz kennzeichnend. Die Mächtigkeit des Basalanhydrits beträgt 8—12 m und wächst im Bereich der Hochlage der Struktur, wo weder Steinsalz noch eine Ablaugungsbrekzie angetroffen wurden, bis auf 48 m an.

Nördlich und nordöstlich der Hochscholle schaltet sich Älteres Steinsalz (Na_2) in zunehmender Mächtigkeit bis zu 43 m ein. Die basalen 15 m sind meist bräunlich- bis schmutziggrau, durch Ton- und Anhydritsubstanzen wolkig und fleckig. Darüber folgt ein hellorangefarbenes Steinsalz. Im Niveau des Flözes „Staßfurt" tritt im oberen Teil ein weißes bis glasklares und mittel- bis grobkristallines Steinsalz mit Sylvinlagen auf, das als verarmtes Hartsalz anzusehen ist. Ein geringmächtiges Decksteinsalz mit Anhydrit- und Toneinlagerungen schließt die Salzfolge ab und leitet zum durchschnittlich 3,5 m mächtigen Deckanhydrit (A_2r) über. Kennzeichnend für diesen blaugrauen feinkristallinen Anhydrit ist eine durch Tonanhydritlagen hervorgerufene Bänderung.

Leine-Zyklus

Zum Grauen Salzton (T_3) vermitteln in feinrhythmischer Wechsellagerung Anhydrit, dolomitischer Tonanhydrit und Gips. Darüber folgen Tonanhydrit und Schieferton, die teilweise ebenfalls wechsellagern oder sich gegenseitig horizontal vertreten. In einigen Bohrungen geht der Schieferton in einen Dolomitmergel und schließlich in Dolomit von maximaler Mächtigkeit bis zu 2 m über, der als Äquivalent des Plattendolomits (Ca_3d) angesehen werden kann.

Der Hauptanhydrit (A_3) besitzt im Erkundungsgebiet eine nahezu gleichbleibende Mächtigkeit von ca. 40 m. Er ist vorwiegend feinkristallin bis dicht und von hellgrauer bis hellbläulichgrauer Farbe. Auf der Hochscholle der Struktur sind im Hangenden des Hauptanhydrits bis zu 5 m mächtige Gipsbänke eingeschaltet.

Jüngeres Steinsalz (Na_3) wurde auf der NE- und NW-Flanke (Bohrungen Spremberg 70, 99, 87, 88 u. a.) nachgewiesen. In der bis zu 58 m mächtigen Salzfolge konnte über dem „Anhydritmittelsalz", das meist farblos und grobkristallin mit Anhydritfetzen und -lagen bis zu 0,5 m ausgebildet ist, die „Anhydrithauptbank" mit pegmatitartig verwachsenem Steinsalz ausgeschieden werden. Das obere Salz des Leine-Zyklus wurde als verunreinigtes, schmutziggraues „Tonflockensalz" bekannt.

Aller-Zyklus

Der jüngste Zyklus ist nur an den Flanken der Struktur vollständig ausgebildet. Als Roter Salzton (T_4) liegt an der Basis eine bis zu 8 m mächtige, orangebraune Schluffsteinfolge mit Anhydritknoten und pegmatitartigen Steinsalzverwachsungen. Darüber lagert der bis zu 0,75 m mächtige Pegmatitanhydrit (A_4) und das bis zu 2 m mächtige Jüngste Steinsalz (Na_4). Letzteres hat eine mittelkristalline Struktur und ist häufig durch Tonflocken verunreinigt. Den Abschluß der salinaren Fazies bildet der meist 0,5 m mächtige Grenzanhydrit (A_4r).

Im Bereich der Hochscholle treten dunkelrotbraune bis orangebraune, häufig grünlichgrau gefleckte Schluffsteine als Zechsteinletten (Z_4t) auf. Es sind bis zu 2 m mächtige, teilweise brekziöse Gipsbänke eingeschaltet, die als Äquivalente der Anhydrit-Steinsalz-Folge gedeutet werden. Die Grenze zum hangenden Bröckelschiefer wurde dort zunächst an die Unterkante einer ersten Sandsteineinschaltung gelegt, die auch in den geophysikalischen Bohrlochdiagrammen erkennbar ist.

Trias

Unterer und Mittlerer Buntsandstein

Allgemein ist die überwiegend sandige Ausbildung des Unteren und Mittleren Buntsandsteins mit grauen und orange bis rotbraunen fein- bis mittelkörnigen Sandsteinen als randnahe Fazies des Germanischen Triasbeckens charakteristisch.

An der Basis liegen ca. 12—20 m mächtige dunkelrotbraune Schluffsteine als Bröckelschiefer (su_1). Häufig treten Gips- und Anhydritknoten und Gipsknollen bis zu 100 mm Durchmesser sowie mit orangefarbenem Fasergips gefüllte Klüfte und Lagen bis zu 50 mm Dicke auf. Es folgen darüber feingeschichtete, stark glimmerhaltige, vorwiegend orangebraune und mattgraue, schwach dolomitische Sandsteine, dunkelrotbraune bis lilabraune Schiefertone und Schluffsteine in Wechsellagerung. Die Mächtigkeit dieser Serie beträgt ca. 110 m. Etwa 20 m über Basis schalten sich im Nordteil des Erkundungsgebietes als Äquivalente der Rogensteinbänke sehr feste graue feinkörnige Dolomit-Sandsteine ein. Allgemein sind Rippelmarken, Diagonalschichtungen und meist mit Feinsandstein gefüllte Trockenrisse häufig zu beobachten. Bemerkenswert ist das Auftreten einer bunten, tonig-schluffigen Wechselfolge etwa 50 m über der Basis, die infolge ihres Aushaltens im gesamten Erkundungsgebiet als Leithorizont dient.

Über dem su_2 folgen ca. 450 m mächtige relativ monotone Serien von fein- und mittelkörnigen Sandsteinen mit einzelnen grobkörnigen Sandsteineinlagerungen und nur wenigen geringmächtigen Schieferton- und Schluffsteinlagen. Es sind fast reine Quarzsandsteine mit meist wenig tonigem, nur selten dolomitischem oder kalkigem Bindemittel. Auf die Gliederungsmöglichkeiten soll in einer Spezialarbeit eingegangen werden.

Oberer Buntsandstein (Röt)

Die feinstratigraphische Bearbeitung des Röts und die Konnektierung mit bekannten Profilen Südbrandenburgs und Thüringens wurde durch JUBITZ (1960) gegeben.

Danach wird die Grenze vom Mittleren Buntsandstein zum Röt an die Unterkante einer 1—1,5 m mächtigen graugrünen feinbänderigen Tonmergelfolge, der sogenannten Basistonmergel, gelegt. Darüber folgen 15—20 m Anhydrit und Gips entsprechend den Gips-Anhydrit-Lagern 1 und 2 Thüringens sowie eine ca. 20 m mächtige Dolomit-Kalk-Tonmergel-Wechselfolge als Äquivalent der Myophoriendolomite (Kalkzyklus A).

Ebenso zeigen sich im unteren Mittleren Röt noch fazielle Beziehungen zu Thüringen, während nach oben bei zunehmend kalkiger Entwicklung Annäherung an die schlesische Fazies vorliegt. An der Basis liegen die Gips-Anhydrit-Lager 3a und b mit den unteren Graumergeln in einer Mächtigkeit von 15—18 m. Darüber folgen 11 m feinrhythmisch wechsellagernd Tonmergel und Kalke (Kalkzyklus B) und die als markanter Leithorizont auftretende Rotmergelserie. Es sind teilweise schluffige bis feinsandige, rotbraune und dunkelviolettbraune Mergel und tonige Schluffsteine. Die Mächtigkeit beträgt 11—13 m.

Im höheren Mittleren Röt lagern ca. 40 m Tonmergel, Mergel, Dolomite und Kalke in teilweise grobrhythmischem Wechsel, wobei eine mittlere und obere Graumergelserie, die Gips-Anhydrit-Lager 4 und 5 sowie die Kalkzyklen C und D ausgeschieden werden können.

Im Hangenden treten 4—6 m mächtige kristalline bis dichte, häufig kavernöse Kalke auf, an die nach oben eine 15—17 m mächtige Folge von dünnplattigen Kalken anschließt. Diese Plattenkalke gehören faziell bereits zum Unteren Muschelkalk (Wellenkalk). Da gleichzeitig typische Muschelkalkfauna mit *Myophoria vulgaris* und *Rhyzocorallium commune* einsetzt, ist die Grenze Röt—Muschelkalk unterhalb der Kavernenkalk-Serie zu ziehen. „Kavernen- und Plattenkalke" entsprechen dabei den „Liegendsten Mergelschiefern" von Rüdersdorf (nach WAHNSCHAFFE & ZIMMERMANN) und sind Äquivalente der tonig ausgebildeten Myophorienschichten Thüringens (JUBITZ 1960).

Muschelkalk

Unterer Muschelkalk

Auf ca. 5 m Mächtigkeit gehen die Plattenkalke nach oben in die typischen Flaser- und Knauerkalke des Wellenkalkes über. Im Gegensatz zu Thüringen treten texturierte Mergelkalke gegenüber dunkelgrauen tonigen Mergelkalken etwas zurück, während andere Merkmale wie Sigmoidalklüftung oder horizontbeständige Konglomeratlagen gleichermaßen anzutreffen sind. Die Ausbildung und die Mächtigkeit von 60 m entspricht den allgemein bekannten Verhältnissen Südbrandenburgs (Rüdersdorf).

Mit dem Auftreten der tiefsten Oolithkalkbank wird die Grenze zum Schaumkalk gezogen. Durch einen 20 m mächtigen Flaserkalkhorizont wird diese 55 m mächtige Serie von vorwiegend dichten und kristallinen, häufig oolithischen Kalken in eine obere und eine untere Ooidkalkfolge zweigeteilt, wobei besonders in dem oberen Teil reichlich fossilführende Bänke (Terebrateln) auftreten. Nach der Häufigkeit der Ooidkalke ist hier ebenfalls die Verzahnung der Thüringer Fazies mit der „schaumigen" Entwicklung von Rüdersdorf zu erkennen (JUBITZ 1960).

Mittlerer Muschelkalk

Der Mittlere Muschelkalk erreicht im Normalprofil Südbrandenburgs eine Mächtigkeit von 80—90 m. Im Untersuchungsgebiet wurde er jedoch nicht in voller Mächtigkeit durchteuft, da bereits Obere Kreide auf diese Schichten transgrediert. Generell sind drei Anhydrit-Serien zu erkennen, die jeweils mit Dolomiten rhythmisch wechsellagern bzw. von diesen unter- und überlagert werden. In der nördlich der Struktur niedergebrachten Bohrung Spremberg 72 (bei Groß Kölzig) sind vorwiegend kristalline Kalke, Dolomite und mergelige Kalke im Profil beteiligt. Die kalkig-dolomitischen Serien können teilweise fossilführend sein. Röntgenspektrometrische Analysen von Kalk- und Dolomitproben auf Cu, Pb, Zn, die im Raum der VR Polen in diesen Schichten teilweise angereichert sind, zeigten Werte von lediglich 0,01—0,04% Cu, 0,01—0,06% Pb und 0,01—0,04% Zn.

Oberer Muschelkalk

An der Basis leiten dickbankige Schillkalke von 5—6 m Mächtigkeit zu den ca. 40 m mächtigen „Ceratitenschichten" über. Die Folge besteht aus meist etwas knauerigen Kalksteinen mit geringmächtigen Kalk- und Tonmergellagen. Bemerkenswert ist der teilweise beträchtliche Glaukonit- und Phosphoritgehalt.

Keuper

In der Bohrung Spremberg 70 bei Bagenz wurde über dem Oberen Muschelkalk eine ca. 20 m mächtige Serie von grauen feinglimmerigen Dolomitmergeln in Wechsellagerung mit dunkelolivgrauen Schiefertonen erbohrt, die als Unterer Keuper einzustufen ist. Sie enthält reichlich Glaukonit sowie Pflanzenhäcksel. Nach oben nimmt der Anteil an Schieferton zu, und es zeigen sich Übergänge zu Schluffstein.

Kreide

Obere Kreide

Ablagerungen der Oberen Kreide wurden in der Bohrung Spremberg 8 südlich, der Bohrung Spremberg 84 südöstlich und in den Bohrungen Spremberg 64E, 67, 70, 85 und 89 nördlich der Struktur erbohrt. Während in der Bohrung 8 die Schichtenfolge bis 500 m unter Gelände nicht durchteuft werden konnte, trafen die anderen Bohrungen im Liegenden Schichten der Trias an. An der Basis kam es teilweise zur Bildung eines Konglomerats, das beispielsweise in der Bohrung Spremberg 70 0,73 m mächtig ist. Gut gerundete graue bis ockerfarbene Kalk-, graubraune Sandstein- und einzelne karminrote Schiefertongerölle sind in grüngrauen Sandsteinen eingebettet.

Die gesamte Kreide besteht aus einer monotonen Folge von grauen und grünlichgrauen Kalkmergel- und Kalkschluffsteinen mit Übergängen zu Kalksandstein einerseits und Tonmergeln andererseits. In der Bohrung Spremberg 8 war außerdem eine ca. 100 m mächtige mürbe Sandsteinfolge eingeschaltet. In einzelnen Zonen sind Schiefertonbröckchen in sandigem Material eingelagert.

Bemerkenswert ist außerdem der Glaukonit- und Phosphoritgehalt, der besonders in den unteren Lagen auftritt. Für die basalen Schichten kann aus regionalgeologischen Gründen cenomanes Alter angenommen werden, während die höheren Schichten nach Funden von *Inoceramus lamarcki* PARK. *var.* in das untere Mittelturon zu stellen sind. Die Makrofossilführung an Muscheln, Schnecken und Ceratiten ist beträchtlich. Ebenso bestätigen pollenanalytische Untersuchungen die Einstufung der Kreidesedimente der Bohrung Spremberg 8 als beckenrandnahe Fazies des Turons. Die größte Mächtigkeit von 1100 m durchteufte die Bohrung 101 nördlich Rietschen. Diese auf Mittlerem Buntsandstein auflagernde Schichtenfolge umfaßt in den oberen Teilen noch Ablagerungen des Santons.

Im gesamten Erkundungsgebiet wird die prätertiäre Schichtenfolge im Hangenden von transgressiv lagernden oberoligozänen Cottbusser und Bitterfelder Schichten bedeckt.

Tektonik

Außer der Stratigraphie und der Teufenlage der in Bohrungen angetroffenen Schichten gestatten die Ergebnisse der geophysikalischen Messungen Einblick in den tektonischen Aufbau der Struktur.

Bereits in der Schwerekarte nach Drehwaagemessungen spiegelt sich der vorwiegend in herzynischer Richtung angelegte Bauplan mit parallel zum Lausitzer Hauptabbruch streichenden Hauptstörungselementen wider (BEIN 1955). Gleichermaßen entspricht das dem aus refraktionsseismischen Messungen erarbeitete Isochronenbild mit jeweils herzynisch bis flach herzynisch verlaufenden Lang- und Kurzzeitgebieten (LORENSER, ILSCHNER 1956—1959). Die Langzeitgebiete mit Isochronen ab 0,9 und 0,95 sec wurden durch Bohrungen als sandige Ablagerungen des Buntsandsteins und der Oberkreide erkannt. In den Kurzzeitgebieten mit Isochronen ab 0,55 bzw. 0,65 sec wurden auf dem Lausitzer Block altpaläozoische Tonschiefer, Kieselschiefer, Grauwacken und Quarzite, auf der Struktur Anhydrite und Dolomite des Zechsteins sowie bei Halbendorf Kalksteine des Röt-Muschelkalkes nachgewiesen.

Neben den geophysikalisch ermittelten Störungen sind Verwerfungen in den Räumen mit stark differierender Teufenlage des Kupferschiefers aus geologischen Gründen anzunehmen, da allgemein nur ein Einfallen von 5—15° zu beobachten ist. Beispielsweise verlaufen zwischen den Bohrungen 11 E und 23, 22 und 21 sowie 13 E_3 und 76 Störungen, an denen jeweils der nordöstliche Teil zur Teufe versetzt ist. Ebenso liegen tektonisch gestörte Lagerungsverhältnisse zwischen den Bohrungen 53, 15 und 57 einerseits und den Bohrungen 62, 19 und 66 andererseits vor. Eine Randstörung scheint in diesem Raum auszuklingen. Sie wird durch eine weiter nördlich einsetzende Störung am Südrand des Kreidegrabens abgelöst. In einzelnen Bohrungen wurden Verwerfungen angefahren. So durchteuften die Bohrungen Spremberg 11 und 11 E unter Mittlerem Buntsandstein Störungsbrekzien, in denen Gesteinsbrocken der angrenzenden bzw. fehlenden Schichten des Unteren Buntsandsteins bis zum Hauptdolomit (11 E) in grobem bis feinem Gesteinsdetritus eingebettet sind. In anderen Bohrungen wie in Spremberg 25 und 28 sind die Schichtenfolgen geschleppt und steilgestellt angetroffen worden, wobei größere Schichtenausfälle auftraten.

Zusammenfassend ergibt sich auf Grund der geologischen und geophysikalischen Ergebnisse das Bild einer horstartigen Antiklinale, deren tektonischer Bauplan hauptsächlich durch herzynisch streichende Störungen bestimmt ist. Quer dazu streichen einzelne Verwerfungen NE–SW bzw. N–S und scheinen teilweise in die herzynische Richtung umzulaufen bzw. diese zu versetzen.

Die Störungen werden allgemein als synthetische Abschiebungen gedeutet, die Sprunghöhen bis zu 140 m aufweisen. Größere Verwerfungsbeträge dürften am Rande der grabenartig eingebrochenen Kreidescholle auftreten.

Tektonisch kann die Struktur folgendermaßen gegliedert werden: 1. Hochscholle, 2. Nordostrandstaffeln, 3. Nordwest- und Westflanke.

Die Hochscholle ist auf ca. 20 km Länge und 1—5 km Breite von der Bohrung Spremberg 15 im Nordwesten über die Bohrungen Spremberg 57, 61, 20, 13 E_3, 50 und 29 bis Bohrung 11 im Südosten zu verfolgen. Sie wird begrenzt durch die bereits erwähnten herzynisch streichenden Hauptstörungen, die sich im Südosten nähern und zusammenlaufen. Nach Nordwesten taucht die Hochscholle allmählich ab, wobei eine bedingt willkürliche Begrenzung im Störungsfeld der sich schneidenden Südrandstörungen und der von Norden ausklingenden NNE–SSW streichenden Grabenstörungen gegeben erscheint.

Die höchste Heraushebung der Kupferschieferunterkante wurde in der Bohrung Spremberg 50 bei Mühlrose, 408 m unter Gelände, nachgewiesen.

Hier sowie in der Bohrung Spremberg 29 streicht unter dem 200 bzw. 280 m mächtigen Deckgebirge Hauptdolomit aus. Nach den Flanken und im Streichen der Strukturachse lagern jüngere Schichten bis einschließlich unterer Mittlerer Buntsandstein auf. Das Kupferschieferflöz liegt in Teufen bis ca. 800 m.

Nordöstlich der Hochscholle schließen sich mehrere Randstaffeln an. Im Bereich der 1. Staffel ist dieKupferschieferunterkante auf 800—1100 m Teufe abgesetzt (Bohrungen Spremberg 22, 23, 35, 36, 61 u. a. m.) und im Bereich der 2. Staffel — Bohrungen Spremberg 59, 80, 86, 88 — bereits in Teufen von 1350—1500 m.

Unter dem pleistozän-tertiären Deckgebirge streichen Schichten des Röts bis Mittleren Muschelkalkes aus, die am nordöstlichen Rand bereits von Kreidesedimenten überlagert werden. Nach Nordwesten ist die Begrenzung der Staffeln durch den rheinisch streichenden Kreidegraben gegeben, während die südöstliche Fortsetzung nicht bekannt ist.

Bedingt durch das Abtauchen der Hochscholle streichen in der Nordwest- und Westflanke der Struktur die Schichten umlaufend Ost — West im nördlichen Teil und Nordwest—Südost im südlichen Teil der Flanke. Nach Norden bzw. Nordosten ist die Schichtfolge an der Südrandstörung des Kreidegrabens in größere Teufen versetzt. Die Kupferschieferunterkante dürfte dort (Bohrung Spremberg 64E) bereits ca. 1800 m unter Gelände liegen. In Fortsetzung der Strukturachse in nordwestlicher und westlicher Richtung sinkt diese allmählich auf größere Entfernung in 1500 m Teufe ab, was auf ein nahezu gleichbleibendes Einfallen von 10° schließen läßt (Bohrung Spremberg 17, 24). Unter dem pleistozän-tertiären Deckgebirge treten Mittlerer Buntsandstein, Röt und Muschelkalk auf.

Die südliche Begrenzung der Westflanke konnte geologisch noch nicht bestätigt werden. Jedoch sind nach Drehwaagemessungen flachherzynische, in erzgebirgischer Richtung umlaufende Störungen erkennbar, die ebenfalls die Schichten zur Teufe versetzen. In den Braunkohlenbohrungen sowie in Bohrung Spremberg 8 traten bereits Kreidesedimente auf.

Paläogeographische Entwicklung

Als Zusammenfassung der dargelegten stratigraphischen und tektonischen Grundlagen soll im folgenden der Versuch einer Darstellung der paläogeographischen Entwicklung des Erkundungsgebietes gegeben werden.

Die Ablagerungen des Zechsteins liegen im nördlichen Teil konkordant auf terrestrischem Jungpaläozoikum und im südlichen Gebietsteil diskordant auf Tonschiefern und Grauwacken, für die altpaläozoisches Alter angenommen werden muß. Die Grenze zwischen den beiden Einheiten verläuft annähernd mit der Südrandstörung der Hochscholle der Struktur zusammen, die demzufolge vermutlich ein varistisch angelegtes und später wieder belebtes Störungselement darstellt. Bis zum Beginn des Zechsteins unterlag dieser altpaläozoische Komplex der Abtragung, während nördlich davon im Oberkarbon bis Rotliegenden Konglomerate, Sande und Tone sedimentiert wurden. Am Rande der

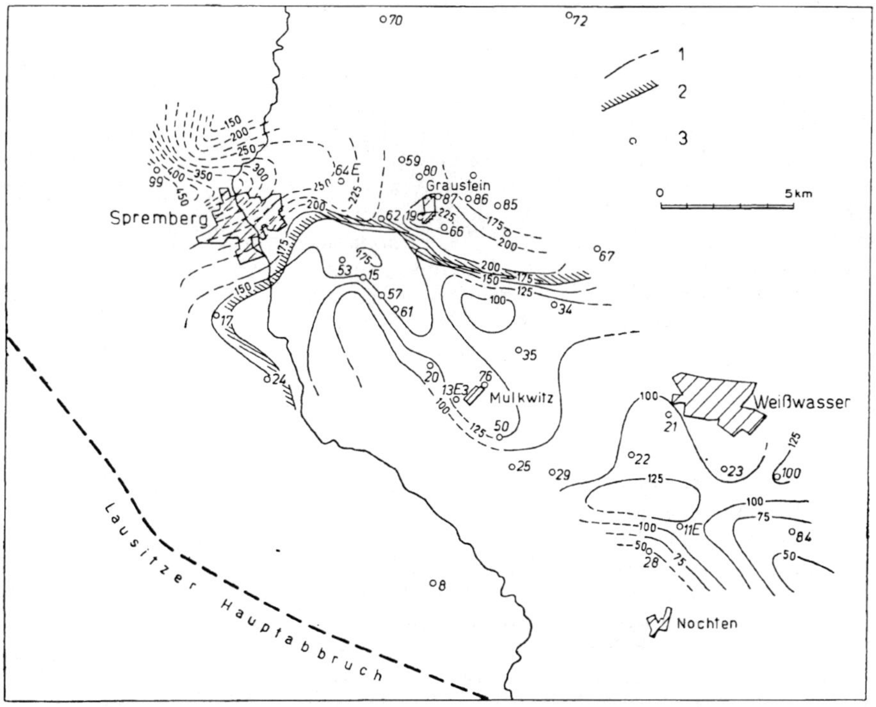

Abb. 2. Isopachenkarte des Werra-Anhydrits einschließlich des Steinsalzes im Gebiet Spremberg—Weißwasser

1 — Linien gleicher Mächtigkeit, 2 — Grenze der heutigen Salzverbreitung, 3 — Bohrung mit Nr.

Senke sind die Schüttungen der grobklastischen Sedimente zu beobachten, die nach Norden zu in die feinkörnigen Ablagerungen übergehen bzw. von diesen überlagert werden.

Über beide Komplexe transgrediert das Zechsteinmeer. An der Basis liegt ein Konglomerat, das auf Grund der Geröllunteruntersuchungen auf strandnahe oder fluviatile Ablagerung schließen läßt. Der gleichzeitig zunehmende Fremdmaterialanteil im Geröllbestand läßt eine Änderung des Abtragungsgebietes bzw. des Transportes vermuten. Die Mächtigkeitsunterschiede des Konglomerates von mehreren Metern bis zu 0,20 m zeigen die relativ geringfügigen Niveauunterschiede der Transgressionsfläche.

Der Kupferschiefer weist in den wahrscheinlich tiefer gelegenen Beckenteilen im nordwestlichen Teil der Struktur einen relativ stärkeren Anteil an weichen bituminösen gegenüber härteren kalkigen, häufig auch dolomitischen Lagen auf. Diese zunächst geringe Faziesdifferenzierung wird im Zechsteinkalk und Werra-Anhydrit ausgeprägt und deutlich. Im N- und NW-Teil des Gebietes ist eine zunehmende Absenkung zu verzeichnen, die durch geringmächtigen Zechsteinkalk in Dolomitfazies und mächtigen Anhydrit mit Steinsalzeinschaltung zum Ausdruck kommt (s. Abb. 2). Demgegenüber zeigen im südöstlichen Raum extrem hohe Kalksteinund geringe Anhydritmächtigkeiten mit Salinitätstiefpunkten im Steinsalzniveau die Nähe des Beckenrandes oder zumindest das Vorhandensein einer Schwelle an. Teilweise kann hier eine Annäherung zur Riffazies vorgelegen haben, wie das Auftreten von Bryozoen andeutet. Die Isopachen, der Verlauf der Salzgrenze sowie die Verteilung von kalkigen und dolomitischen Gesteinen spiegeln generell NE—SW und E—W streichende Elemente wider.

Ebenso wie der Werra-Anhydrit wachsen die Hauptdolomitmächtigkeiten in nordwestlicher Richtung an.

Ausbildung und Mächtigkeitsverteilung des Staßfurt-Anhydrits einschließlich der Steinsalzverbreitung zeigen eine Veränderung der Situation. Die Linien gleicher Mächtigkeit sowie die Salzgrenze verlaufen allgemein herzynisch parallel der heutigen Nordoststaffel der Struktur und lenken im Nordwest- und Westteil des Gebietes nach Süden um. Da im Bereich der Hochscholle im Gegensatz zum Werra-Steinsalz keine Steinsalzablagerungen oder Ablaugungsreste bekannt geworden sind, sondern lediglich erhöhte Anhydritmächtigkeiten auftreten, wird die Annahme verstärkt, daß im Bereich der Hochscholle bereits eine Schwelle wirksam war.

Die paläogeographischen Verhältnisse bleiben annähernd während der Sedimentation im Oberen Zechstein bestehen. Leine- und Aller-Steinsalz schalten sich in unmittelbarer Nähe der Hochscholle ein. Die salinare Entwicklung wird durch die Ablagerung tonig-schluffiger Sedimente abgeschlossen.

Die Schichtenfolge der Trias weist im Gebiet eine hohe Einheitlichkeit hinsichtlich ihrer Ausbildung und Mächtigkeit auf. Im Unteren und Mittleren Buntsandstein herrscht eine vorwiegend sandige randnahe Fazies, die besonders in südöstlicher Richtung auch im Unteren Buntsandstein stärker hervortritt. Die Sedimente des Röts und Muschelkalkes ordnen sich allgemein in die bekannten großräumigen faziellen Verhältnisse ein. Sie weisen sowohl Beziehungen zu Profilen Thüringens, Ostbrandenburgs (Rüdersdorf) als auch Schlesiens auf (JUBITZ 1960).

Ablagerungen der Oberkreide liegen infolge einer präoberkretazischen Heraushebung und Abtragung transgressiv auf verschiedenen Stufen der Trias (Unterer Keuper bis Röt). Den regionalgeologischen Verhältnissen dieses Gebietes entsprechend, dürfte die Transgression im Cenoman erfolgt sein. Bemerkenswert sind die ausgesprochen sandige Entwicklung und die große Mächtigkeit bis zu ca. 450 m in unmittelbarer Nähe sowohl nördlich als auch südlich der Struktur, wobei die mögliche Sedimentation und Wiederabtragung entsprechender Ablagerungen im Bereich der Hochscholle ungeklärt bleiben. Die endgültige tektonische Herausbildung der Struktur als Horst erfolgte erst während der höheren Oberkreide bis zum Oberoligozän, da die Schichtenfolge der Oberkreide mit verworfen ist und von transgressiv lagernden Cottbusser Schichten (Oberoligozän) bedeckt wird.

Zusammenfassung

Als Einführung zu einigen speziellen Veröffentlichungen über geologische Ergebnisse der Erkundungsarbeiten im Gebiet Spremberg—Weißwasser werden das allgemeine stratigraphische Profil erläutert und die tektonischen Verhältnisse der Struktur Mulkwitz behandelt. Zusammenfassend wird ein Abriß der paläogeographischen Entwicklung gegeben.

Резюме

В качестве введения к некоторым специальным опубликованиям о геологических результатах разведочных работ в районе Шпремберг-Вейсвассер освещаются общий стратиграфический разрез и тектоническая обстановка структуры Мульквиц. Резюмируя дается очерк палеогеографического развития.

Summary

The general stratigraphic section is discussed and the tectonic conditions of Mulkwitz structure are dealt with to give an introduction into some special publications on geological results obtained by reconnaissance works in the Spremberg—Weißwasser area. The palaeogeographical development is briefly reviewed.

Literatur

BEIN, E., H. ILSCHNER & G. LORENSER: Berichte über Drehwaagemessungen und refraktionsseismische Untersuchungen im Gebiete Spremberg—Weißwasser (Struktur Mulkwitz). — VEB Geophysik, Leipzig 1955 bis 1959 (unveröff.).

GOTTESMANN, W.: Bericht über chemisch-mineralogische Untersuchungen an Anhydriten der Bohrung Spremberg 50. — Arch. Weißwasser, 1960 (unveröff.).

HAASE, I. & D. RUSITZKA: Abschlußbericht über die 1954—1958 niedergebrachten Kartierungs- und Tastbohrungen. — UZ Berlin 1959 (unveröff.).

HALLER, W.: Bestimmungen der Megafauna im Hauptdolomit der Bohrung Spremberg 34, Zechsteinkalk der Bohrung 50 sowie der Oberkreide in mehreren Bohrungen. — Arch. Weißwasser, 1960 (unveröff.).

HESSMANN, W.: Bericht über die Erkundung des Hauptdolomites. — UZ Berlin 1960.

JUBITZ, K. B.: Bericht über den Röt-Muschelkalk-Anteil in den Bohrungen Spremberg 21, 59, 70, 71 u. a. — Arch. Weißwasser, 1960, (unveröff.).

KÖLBEL, F.: Das Prätertiär der Struktur von Mulkwitz bei Spremberg nordöstlich des Lausitzer Hauptabbruches. — Geologie, **7**, H. 3—6, Berlin 1958.

— Zur Stratigraphie und Erzführung des Zechstein 1 (Werra-Serie) in Südbrandenburg und in der subsudetischen Zone. — Z. angew. Geol., **4**, S. 504—508, Berlin 1958.

— Die Entwicklung des Zechsteins in Südbrandenburg. — Z. angew. Geol., **7**, S. 58—63, Berlin 1961.

KÖLBEL, H.: Entwicklung, Ergebnisse und Perspektiven der Erkundung auf Erdöl und Erdgas im Gebiet der DDR. — Z. angew. Geol., 3, 201 bis 209, Berlin 1957.

SCHÜLLER, A.: Mikroskopische Untersuchungen und geologische Deutung der Kupferschieferbohrungen Spremberg 13E/57 und 3/59. — Geologie, BUBNOFF-Festschrift, **7**, 3—6, Berlin 1958.

WAHNSCHAFFE, F. & E. ZIMMERMANN: Erläuterungen zur geologischen Karte von Preußen usw. — Lfg. 26, Berlin—Rüdersdorf, Berlin 1914.

Berichte über Ergebnisse der Erkundung auf Kupferschiefer im Raum Spremberg—Weißwasser (G. ZINDLER 1959, R. FRANZ 1960, 1961), mit Berichtsteilen über Kupferschiefer, über Zechsteinkonglomerat und Liegendes sowie über Zechsteinkalk von M. PLANERT, CHR. SIEGERT & G. TSCHORN. — UZ Berlin (unveröff.).

Zeitschrift für angewandte Geologie (1963) Heft 4

Bohrlochabweichungen bei Kupferschieferuntersuchungsbohrungen in der Sangerhäuser Mulde[1]

GÜNTER JANKOWSKI, Sangerhausen

Seit etwa drei Jahren werden bei sämtlichen Kupferschieferuntersuchungsbohrungen in der Sangerhäuser Mulde auf der Grundlage der Arbeitsschutz- und Brandschutzanordnung 126, § 84 (Tiefbohrordnung), Neigungsmessungen durchgeführt. Diese Messungen haben das Ziel, für die hydrogeologische Sicherung des Sangerhäuser Kupferschieferbergbaus Richtwerte zu finden; denn auch schlecht verfüllte Bohrungen können in sonst hydrogeologisch sicheren Gebieten Gefahrbringer sein. Da zahlreiche Bohrungen aber bereits vor dem Erscheinen dieses Gesetzes geteuft und nicht vermessen wurden, mußten die Ergebnisse der neueren Messungen für eine Einschätzung der Abweichung der alten Bohrungen ausgewertet werden. Die Resultate dieser Auswertung werden in den folgenden Ausführungen mitgeteilt.

Bei einer Bohrlochabweichung können größere Schwankungen der Schichtmächtigkeiten, die Teufe der Bohrungen, das Einfallen der Schichten, größere Änderungen am bohrtechnischen Ablauf sowie die Verrohrung der Bohrungen von Einfluß sein.

Aus den bisher geteuften ca. 400 Bohrungen ergibt sich folgendes Normalprofil für die Sangerhäuser Mulde (vgl. JUNG & GEORGI 1959, BLEI & JUNG 1962, JUNG & REMUS 1962):

0—100 m	Sandstein, Schieferton	Sand, Kies, Ton, Lehm	Mittl. Buntsandstein	Quartär, Tertiär
200—300 m	Sandstein, Schieferton, Rogenstein		Unterer Buntsandstein	

20—25 m	Schieferton, Gips, Marienglas	Auslaugungsreste (?)	
40—50 m	Anhydrit	Hauptanhydrit	A3
3—6 m	Ton	Grauer Salzton	T3
0—100 m	Anhydrit, Gips bezw.	Sangerhäuser Anhydrit bezw.	K2 (A)
0—45 m	Kalisalze	Kaliflöz Staßfurt	K2
0—800 m	Steinsalz	Staßfurt-Steinsalz	Na2
2—7,50 m	Mergelkalk	Stinkschiefer	Ca2st
20—30 m	Anhydrit	Oberer Werra-Anhydrit	A1 (o)
0—12 m	Steinsalz bzw.	Werra-Steinsalz	Na1
0,30—1,20 m	Anhydrit	Salzäquivalent	Na1 (A)
30—35 m	Anhydrit	Unterer Werra-Anhydrit	A1 (u)
2,50—6 m	Kalkstein	Zechsteinkalk	Ca1
0,30—0,40 m	Mergelschiefer	Kupferschiefer	T1
0,00—12 m	Sandstein bzw.	Weißliegendes bzw.	Z1S
2,00—3,50 m	Konglomerat	Zechsteinkonglomerat	Z1C

Ergänzend zu diesem Profil muß noch erwähnt werden, daß größere Änderungen der Mächtigkeit hauptsächlich beim Staßfurt-Steinsalz (Na2) durch Ablaugung, durch primäres Fehlen oder durch tektonischen Salzanstau (JUNG & REMUS 1962) vorkommen. Bei den anderen Schichtgliedern treten ebenfalls Mächtigkeitsschwankungen auf, die jedoch für die Deutung der Abweichungen unwesentlich sind. Auch die petrographische und geochemische Zusammensetzung der Gesteine ist mehr oder weniger gleichbleibend.

Die auf Ackersohle bezogene Teufe des Kupferschiefers kann zwischen 200 m und > 1300 m schwanken. Generell pflegt eine größere Teufenlage des Kupferschiefers mit einer Zunahme der Mächtigkeit des Staßfurt-Steinsalzes verbunden zu sein. Das Einfallen der Schichten ist in der Sangerhäuser Mulde gering und wurde deswegen vernachlässigt.

Das Teufen der Bohrungen erfolgt nach folgendem Bohrregime:

Von 0,0 m bis zum Sangerhäuser Anhydrit bzw. Grauen Salzton	Rollenmeißel
bis zum Basalanhydrit	Kreuzkrone
bis zum Werra-Steinsalz	Rollenmeißel
bis zum Liegenden des Kupferschiefers	Widiakrone

Im Bereich des Kalilagers (K2) durchgeführte Kernstrecken von etwa 50 m sind ebenfalls von untergeordneter Be-

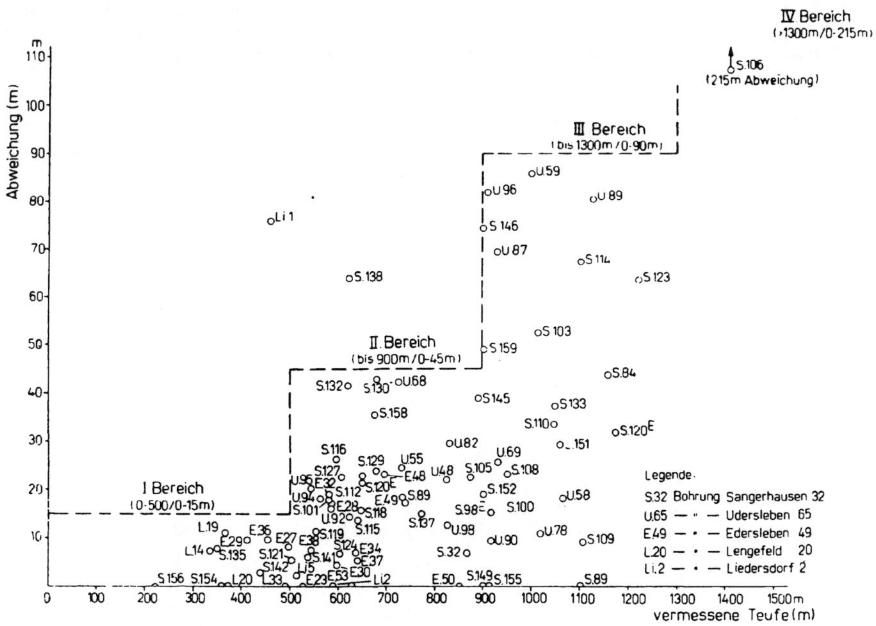

Abb. 1. Vergleich zwischen Bohrlochabweichung und vermessener Teufe

[1]) Eingang des Manuskripts in der Redaktion: 10. 12. 1962

deutung. Der Durchmesser der Bohrungen wird entsprechend der vorgesehenen Teufe von einem Anfangsdurchmesser (240—420 mm) bis zum Enddurchmesser (103 mm, systematisch abgesetzt. Die Bohrungen werden gewöhnlich bis zum A 3 verrohrt.

Bei einem Vergleich ergaben sich horizontale Abweichungen von 0—215 m zwischen dem erbohrten Kupferschieferflöz oder mindestens dem Unteren Werra-Anhydrit und dem übertägigen Bohrpunkt. Diese Abweichungen mußten, da Einfallen der Schichten, Bohrverfahren, Schichtenaufbau und petrographische sowie geochemische Zusammensetzung der Gesteine als nahezu gleichbleibend angesehen werden müssen, mit der veränderlichen Teufe oder mit den Mächtigkeitsschwankungen des Staßfurt-Steinsalzes in Zusammenhang stehen; deshalb wurden die gemessenen Abweichungen von etwa 70 Bohrungen mit der vermessenen Teufe (Abb. 1) und mit der erbohrten Mächtigkeit des Staßfurt-Steinsalzes (Abb. 2) verglichen und graphisch dargestellt. Dabei konnte die bisherige Annahme, daß die Bohrlochabweichung kontinuierlich mit der größer werdenden Teufe zunimmt, nicht bestätigt werden. Es ist bei beiden Vergleichen vielmehr eine sprunghafte Änderung der Abweichungen festzustellen, die eine Einteilung in mehrere Bereiche erlaubt. Bei dem Vergleich zwischen vermessener Teufe — mindestens A 1 (u) — und gemessener Bohrlochabweichung ergaben sich folgende Bereiche (Abb. 1):

Vermessene Teufe	Maximale Abweichung
0— 500 m	0— 15 m
0— 900 m	0— 45 m
0—1300 m	0— 90 m
>1300 m	0—215 m

In ähnlicher Weise verhält sich die gemessene Abweichung zu der Mächtigkeit des Staßfurt-Steinsalzes. Auch hier sind mehrere Bereiche vorhanden, die sich mit denen des ersten Vergleiches etwa decken (Abb. 2):

Mächtigkeit des Na 2	Maximale Abweichung
0 m	0— 15 m
0—250 m	0— 30 m
0—500 m	0— 45 m
0—800 m	0— 90 m
>800 m	0—215 m

Die einzige Ausnahme bilden die Bohrungen Sangerhausen 138, Liedersdorf 1 und Udersleben 96 (Abb. 1 und 2), bei denen größere Abweichungen ermittelt wurden. Diese Bohrungen trafen allerdings Störungszonen an, die sich durch Änderungen der normalen Schichtmächtigkeit bereits im Deckgebirge abzeichnen, so daß überdurchschnittliche Abweichungen auf diese Störungszonen zurückzuführen sein dürften.

Auf Grund der ermittelten Bereiche ist eine Einschätzung der Bohrlochabweichungen der älteren Bohrungen möglich.

Es wird vorgeschlagen, dabei nach folgender Übersicht zu arbeiten.

Vermessene Teufe [mindestens A 1 (u)]	Mächtigkeit des Staßfurt-Steinsalzes (Na 2)	Maximale Abweichung
0—500 m	0	0— 15 m
	0—250 m	0— 30 m
bis 900 m	bis 500 m	0— 45 m
bis 1300 m	bis 800 m	0— 90 m
> 1300 m	> 800 m	0—215 m

Durch die in den Grubenbauen der Schachtanlagen „Thomas Münzer" und Niederröblingen des VEB Mansfeld-Kombinat angefahrenen Bohrungen konnten die gewonnenen Ergebnisse bestätigt werden. Es wurden folgende Bohrungen unterfahren:

Bohrung	Teufe	Mächtigkeit des Na 2	Gemessene Abweichung
Sangerhausen 12	410,10 m	0	7,20 m
Sangerhausen 15	644,50 m	151,85 m	24,50 m
Sangerhausen 17	693,50 m	215,30 m	7,50 m
Sangerhausen 21	693,90 m	230,30 m	2,65 m
Sangerhausen 22	780,92 m	304,90 m	5,95 m

In der Mansfelder Mulde sind Bohrlochabweichungsmessungen nicht durchgeführt worden. Bei den in den Schächten angetroffenen Bohrungen wurden die Abweichungen nicht ermittelt. Unter Berücksichtigung des etwa gleichen Schichtaufbaus, der Teufen, des generellen Bohrregimes usw. können die Ergebnisse der Sangerhäuser Mulde übertragen werden. Auch in dem analoge Verhältnisse aufweisenden Subherzynen Becken dürfte eine Anwendung möglich sein.

Zusammenfassung

Bei einer Auswertung der Bohrlochabweichungen von Kupferschieferbohrungen in der Sangerhäuser Mulde konnte zwischen Abweichung und vermessener Teufe [mindestens A 1 (u)] und zwischen Abweichung und Mächtigkeit des Staßfurt-Steinsalzes (Na 2) eine gewisse Abhängigkeit beobachtet werden. Die gefundenen Bereiche erlauben eine Einschätzung der nichtvermessenen Bohrungen.

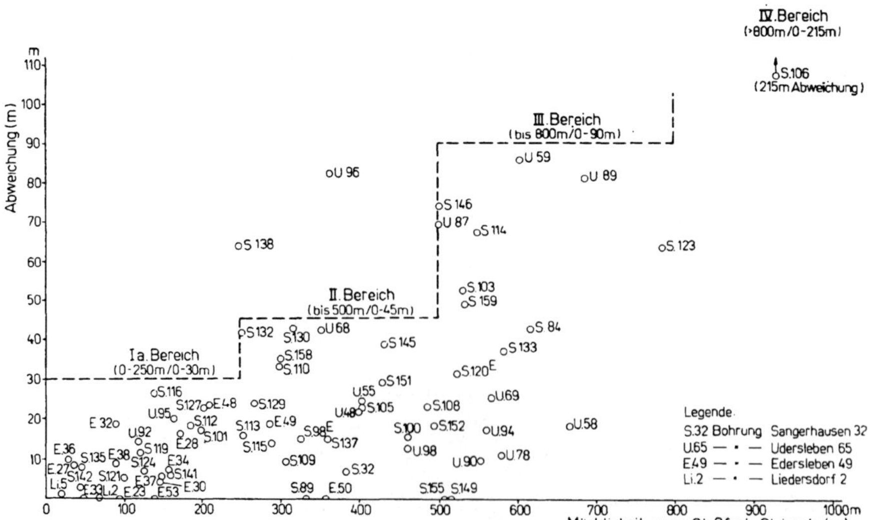

Abb. 2. Vergleich zwischen Bohrlochabweichung und Mächtigkeit des Staßfurt-Steinsalzes (Na 2)

Резюме

При оценке отклонений стволов скважин на медистый сланец в Зангерхаузенской мульде удалось наблюдать определенную зависимость между отклонением и измеренной глубиной (не менее A I (u)) и между отклонением и мощностью штасфуртской каменной соли (Na 2). Найденные интервалы позволяют сделать оценку скважин, не подвергшихся каротажу.

Summary

A certain dependence could be observed during the evaluation of borehole deviations of copper-slate borings in the Sangerhausen trough between the deviation and depth surveyed [at least A1 (u)], and between the deviation and thickness of the rock salt of Stassfurt (Na 2). The ranges found permit an estimate of borings not surveyed.

Literatur

Blei, W. & W. Jung: Über die anomalen Zechsteinprofile im Bereich der Mansfelder Mulde. — Freib. Forsch.-H. C 133, 1—51, Berlin 1962.
Jung, W. & F. Georgi: Der Kyffhäuser und sein südöstliches Vorland. — Exkursionsführer „Thüringer Becken", Exk. 4, Berlin 1959.
Jung, W. & W. Remus: Methodik und neue Ergebnisse hydrogeologischer Arbeiten im Mansfelder Kupferschieferbergbau. — Vortrag, gehalten auf der 9. Jahrestagung der Geologischen Gesellschaft in der DDR in Erfurt im Mai 1962.

L. G. Love

Biogene Primärsulfide aus dem permischen Kupferschiefer und dem Marl Slate [1)]

Referiert von Johannes Rentzsch, Berlin

Verfasser berichtet über paläontologische Studien an Proben des Mansfelder Kupferschiefers und des äquivalenten Marl Slate von Nordostengland. Untersucht wurden vor allem die „Kieskügelchen" mit einem Durchmesser von 3—20 µm. Die Sulfidkörnchen, die diese Kieskügelchen zusammensetzen, haben Korngrößen von 0,5—3 µm. Schneiderhöhn deutete diese Sulfidkügelchen als vererzte Schwefelbakterien, Schouten dagegen als anorganisch gebildete Sulfidgelkugeln. Alle Autoren sind sich jedoch darüber einig, daß es sich bei den Pyritkügelchen im Kupferschiefer um syngenetisch-sedimentäre Bildungen handelt.

L. G. Love gelang es, aus Pyritkügelchen der unterkarbonischen Schiefer von Schottland und der unterjurassischen Schiefer von England mittels Salpetersäure Mikrofossilien zu isolieren. Es wurde angenommen, daß das Zusammenvorkommen dieser Organismen mit Sulfiden auf die H_2S-Produktion der Organismen zurückzuführen ist. Nach der Ausfällung des Eisens durch den Schwefelwasserstoff wurden die Mikroorganismen mit Eisensulfidgel gefüllt, das später durch Sammelkristallisation in Pyrit umgewandelt wurde. Die Fossilien gehören möglicherweise zur Gruppe *Desulfovibrio desulfuricans* Beijerinck.

Die Proben wurden folgendermaßen behandelt: Das Gestein wurde aufgemahlen und mittels Bromoform eine Sulfidfraktion gewonnen. Restliche Minerale der leichten Fraktion lassen sich durch warme Flußsäure entfernen. Die Sulfide werden dann durch warme konzentrierte Salpetersäure gelöst, und die Suspension von Mikroorganismen in der Lösung kann durch abschließendes Zentrifugieren konzentriert werden. Dauerpräparate werden in Glyzerin eingebettet. Der Verf. entwickelte ein Zusatzgerät für das Mikroskop, mit dem eine Beobachtung des Lösungsvorgangs einzelner Sulfidaggregate unter dem Mikroskop möglich ist.

Die Mikrofossilien, die aus den Kieskügelchen des Kupferschiefers und des Marl Slate isoliert werden konnten, gehören der Gattung *Pyritosphaera barbaria* Love 1957 und den Formen an, die mit dieser Gattung zusammen in den liassischen und karbonischen Schichten vorkommen. Zwischen den aus dem Marl Slate und dem Kupferschiefer erhaltenen Präparaten treten nur geringfügige Unterschiede auf. Die Mikrofossilien werden näher beschrieben und abgebildet.

Der Verfasser geht weiterhin auf die genetische Verbindung zwischen organischer Substanz und den Sulfiden in den Kieskügelchen ein. Durch Anschliffuntersuchungen konnte weder an der Oberfläche der 5—15 µm großen Pyritkügelchen noch zwischen den die Pyritkügelchen aufbauenden einzelnen Sulfidkörnern und -kristallen ein Zusammenhang zwischen Sulfid und organischem Gewebe nachgewiesen werden. Dieser Mangel ließ sich durch die Untersuchung einzelner isolierter Pyritkügelchen und deren Beobachtung beim Lösungsvorgang beheben. Die Gattung *Pyritosphaera barbaria* dürfte aus zahlreichen 0,5—2 µm großen Gewebezellen bestehen, die jede von einem Sulfidkristall gefüllt werden. Eine Hülle aus organischem Material bildet die äußere Begrenzung des Mikrofossils. Wichtig für eine Deutung der Entstehung der Buntmetallsulfide innerhalb der Pyritkügelchen ist die Tatsache, daß die organischen Häutchen der untersuchten Mikrofossilien unverletzt waren. Schouten u. a. hatten bekanntlich angenommen, daß der Pyrit zwar primär, doch die übrigen Sulfide durch metasomatische Verdrängung des Pyrits entstanden seien. Dabei ist jedoch die Durchlässigkeit dieser organischen Strukturen zu berücksichtigen.

Bei der Deutung der Entstehung der primären Sulfidkügelchen wird betont, daß man kaum einen Unterschied zwischen syngenetischen und frühdiagenetischen Bildungen machen kann, da eine FeS_2-Bildung im Sediment so lange möglich ist, als Fe-reicher Schlamm sedimentiert und SO_4-Ionen des Meerwassers den Bakterien zur Verfügung stehen. Das ist natürlich auch in einem noch unverfestigten Sediment möglich.

Im abschließenden Kapitel berichtet Verfasser über die Bildung der sogenannten „sekundären Sulfide". Verhältnismäßig ausführlich diskutiert werden die möglichen Metallquellen. Nach Ansicht des Referenten ist es für die Frage, ob gleichzeitige oder zeitlich voneinander getrennte Pyrit- und Buntmetallsulfidbildung vorliegt, ohne Be-

[1)] Aus: „Econ. Geol.", vol. 57, S. 350—366, 1962. — Originaltitel: Biogenic primary sulfide of the permian Kupferschiefer and Marl Slate.

deutung, woher die Metalle stammen. Auf die horizontale und vertikale Metallverteilung im Kupferschiefer wird nicht eingegangen. Die Vertreter der Theorie der epigenetischen Entstehung der Buntmetallsulfide berücksichtigen vor allem nicht, daß die nur zum Teil an Pyrit gebundenen Fe-Gehalte des Kupferschiefers ziemlich konstant sind, während die Buntmetallgehalte sehr stark schwanken und vor allem in Gebieten reicher Erzführung weit über den Fe-Gehalten liegen können. Dabei ist nur ein geringer Teil des vorhandenen Pyrits verdrängt worden. Abgesehen davon, daß ein Teil der sogenannten Verdrängungsstrukturen bei der Sammelkristallisation von Sulfidgelen entstehen kann, bezweifelt heute kein Anhänger der Theorie der syngenetisch-sedimentären Entstehung des Kupferschiefers mehr das Auftreten von Verdrängungserscheinungen im Zusammenhang mit syndiagenetischen und tektonisch bedingten Stoffwanderungen.

Der Wert dieser Arbeit liegt vor allem in dem Nachweis, daß die von SCHNEIDERHÖHN als vererzte Schwefelbakterien gedeuteten Pyritpunkthäufchen wirklich vererzte Mikrofossilien darstellen können, was bisher oft bezweifelt wurde.

I. I. GINSBURG, Moskau

Grundfragen der Bildung von Verwitterungskrusten und ihre Bedeutung beim Aufsuchen von Minerallagerstätten[1]

Referiert von WOLFGANG OESTREICH, Berlin

Im Rahmen der Lagerstättensuche gewinnen die mit alten Verwitterungskrusten zusammenhängenden Minerallagerstätten erhöhte Bedeutung. Zu solchen Lagerstätten gehören die Eisenerze vom Typ der magnetischen Anomalie von Kursk und vom Typ Kriwoj Rog, silikatische Nickelerze, oxydische Kobalterze, Titan-, Uran- und Zirkonlagerstätten, einige Typen von Manganerzen, Lagerstätten einiger seltener Elemente, Gold-, Platin- und Diamantseifen, schließlich Kaolin, Magnesit, feuerfeste Baustoffe u. a.

Der Autor äußert, daß man bis vor kurzer Zeit die Fragen des Auftretens der Verwitterungskrusten vom Gesichtspunkt der beschreibenden Mineralogie, des Gesamtchemismus der Verwitterungsprozesse und der klimatischen Verhältnisse behandelte, während gegenwärtig diese Probleme viel tiefgründiger studiert werden. Die Lithologen und Geomorphologen z. B. bringen die historische Entwicklung der Verwitterungskrusten mit tektonischen Bewegungen in Zusammenhang, insbesondere mit den im Tertiär und Quartär erfolgten, wobei auch Änderungen der Pollagen und damit zusammenhängende Klimaänderungen von Bedeutung sind. Geologen und Geochemiker untersuchen die Veränderungen der mit den Verwitterungskrusten zusammenhängenden Sedimente, behandeln die Wegfuhr bestimmter Elemente aus der Kruste, während die Kristallchemiker besonders die Tone zum Gegenstand ihrer Forschungen gewählt haben. Intensiv werden die auf die Erforschung der sich bei der Verwitterung abspielenden physikochemischen Vorgänge gerichteten Untersuchungen betrieben, wobei auch höchstwahrscheinlich biochemische Prozesse mit berücksichtigt werden müssen.

In den folgenden Ausführungen behandelt I. I. GINSBURG die mit der Bildung alter Verwitterungskrusten im Zusammenhang stehenden Fragen und erläutert, in welcher Weise deren Lösung der Volkswirtschaft des Landes nützt.

I. I. GINSBURG folgend, sollen diese Fragen in 11 Punkten behandelt werden.

1. Die Verwitterungskruste als „Formation“

Man versteht darunter die Gesamtheit der verschiedenartigen festen und flüssigen „Körper“, die hinsichtlich ihrer Entstehung mit der Verwitterungskruste unmittelbar zusammenhängen oder durch mechanische, kolloidale oder chemische Abfuhr von Verwitterungsprodukten entstanden sind. Es handelt sich um kontinentale Sedimentgesteine und Erze, die gewöhnlich nur wenig diagenetisch, epigenetisch oder metamorph überprägt wurden. Erhebliche organische Reste sind nicht enthalten; zu beobachten ist eine Reihe von Mineralien, chemischen Verbindungen und Elementen, die auf die Muttergesteine zurückzuführen sind, aus denen die Verwitterungskruste entstand.

Bei den Verwitterungskrusten unterscheidet man eine Anzahl von Typen, z. B. residuale, verdeckte, offene, akkumulative u. a.

2. Mineralische Zonalität

Unbestritten ist, daß Temperatur und Niederschlagsmenge die Intensität der Verwitterung und die Zusammensetzung der Verwitterungsprodukte beeinflussen. Besonders die Untersuchungen von A. B. RUCHIN und N. M. STRACHOW haben gezeigt, daß sich entsprechend den Veränderungen der Pollagen in der Erdgeschichte auch die klimatische Zonalität wandelte. N. M. STRACHOW unterscheidet hierbei den unterpaläozoischen, oberpaläozoischen und rezenten Bauplan dieser Zonalität (der arktischen, ariden, gemäßigt feuchten und humiden Klimazonen). Nach dem genannten Verfasser sind alle Gesteine, die Klimaindikatoren sind, „zugleich die wichtigsten mineralischen Rohstoffe“. Die in der Lithogenese zum Ausdruck kommende klimatische Zonalität liefert ein erstes umfassendes Schema für die räumliche Verteilung der wichtigsten sedimentären mineralischen Rohstoffe auf der Erdoberfläche und stellt „die erste Annäherung zur Erkenntnis der Gesetzmäßigkeiten ihrer Lokalisation“ dar. Neben den globalen Klimazonen müssen hierbei aber auch die Mikroklimate berücksichtigt werden. Mineralische Rohstoffe (Bauxite, Eisenerze, Kohlen, Salze u. a.) als Klimaindikatoren besitzen einen breiten Bildungs- und Existenzbereich, wobei neben dem Klima noch andere Faktoren eine Rolle spielen. Sie sind gewissermaßen Funktionen mehrerer Variabler, Hauptfaktor aber bleibt trotzdem das Klima. I. I. GINSBURG wirft die Frage auf, ob es nicht zweckmäßig sei, bestimmte Fragen der Paläothermie an Hand des Gehaltes von O^{18} in den in der Verwitterungskruste auftretenden Karbonaten und Oxyden zu lösen. Er denkt hierbei an

[1]) Aus: „Geologija rudnych mestoroshdenij“, H. 5, 21–36 (1961).

eine Parallele zu den von TEJS, TSCHUPACHIN & NAJDIN (1960) durchgeführten Untersuchungen des O^{18}-Anteils im Kalk verschiedener jurassischer, kretazischer und paläogener Fossilien. Diese paläothermischen Untersuchungen könnten dazu verhelfen, besonders über die Bildungstemperatur karbonatischer Erze genauere Vorstellungen zu erhalten.

3. Die Bedeutung der Zusammensetzung der Atmosphäre

Für die Bildung der Verwitterungsprodukte im Proterozoikum und im unteren Paläozoikum waren die Zusammensetzung der Atmosphäre und das Fehlen pflanzlichen Lebens auf dem Festland von großer Bedeutung; der Anteil der Kohlensäure, des Wasserdampfes sowie des Sauerstoffes war im unteren Paläozoikum, Mesozoikum und Känozoikum jeweils verschieden, in der Hinsicht, daß mit zunehmendem Alter mehr Kohlensäure vorhanden war. Bis zum Devon gab es auf dem Festland keine Vegetation, mithin auch keinen Boden, keinen Humus und keine organischen Säuren. Die Zersetzung der Gesteine erfolgte offensichtlich unter dem Einfluß der höheren CO_2-Konzentration in der Luft und im Wasser, während heute die Humussäuren diese Rolle weitgehend übernommen haben, wobei allerdings noch nicht restlos klar ist, bis zu welchem Punkt reine chemische (anorganische) Agenzien wirken und wann der Einfluß der organischen Substanzen beginnt. Offensichtlich war im Vorpaläozoikum der Anteil der anorganischen Agenzien größer.

Verwitterungsprodukte entstanden noch früher, d. h. bereits vor dem Vorproterozoikum, und es ist einigermaßen erstaunlich, daß sich die mineralische Zusammensetzung dieser alten Verwitterungsprodukte nicht wesentlich von den rezenten unterscheidet, d. h., es entstanden die gleichen Kaoline, Bauxite und Eisenhydroxyde (aber etwas weniger Montmorillonit). Der größere CO_2-Gehalt der Luft vertrat in bezug auf die Zersetzung der Ausgangsgesteine damals den erst später auftretenden Humus. Möglicherweise wurde CO_2 auch durch niedere Einzeller produziert. Von großer wissenschaftlicher und praktischer Bedeutung ist die Untersuchung der im Proterozoikum so außerordentlich weit verbreiteten und charakteristischen Eisenjaspilite, die im gesamten Paläozoikum, Mesozoikum und Känozoikum nicht wieder erscheinen. Offensichtlich müssen ganz besonders im Proterozoikum Bedingungen geherrscht haben, welche eine sehr weitgehende Migration von Fe und SiO_2 ermöglichten. Zu einem gewissen Anteil muß auch organische Substanz bei ihrer Bildung beteiligt gewesen sein, worauf die in diesen Erzen nachgewiesenen Kohlenstoffgehalte (einige Zehntelprozent und höher) hindeuten.

Offensichtlich war auch damals die Verwitterung nicht völlig „steril", obgleich das Medium, in dem sie verlief, saurer war als heute. In den Wässern der alten Becken waren Kalzium- und Magnesiumkarbonate enthalten (davon zeugen die karbonatischen Zwischenmittel in den Jaspiliten von Kriwoj Rog und der magnetischen Anomalie von Kursk, ferner metamorphosierte Mg- und Ca-Silikate in den gleichen Lagerstätten). Weiterhin waren sie mit Kieselsäure gesättigt. Wie bereits erwähnt, würde eine Untersuchung der Isotopenverhältnisse des Sauerstoffs in diesen anorganischen karbonatischen Zwischenmitteln evtl. Aussagen über die Temperaturen der Wässer im Ablagerungsbereich der Jaspilite ermöglichen.

4. Die Teilnahme bakterieller Vorgänge (Zersetzung) bei Verwitterung und Oxydation

I. I. GINSBURG teilt mit, daß gegenwärtig die einzelnen „Elemente" des Verwitterungsvorganges in theoretischer Hinsicht untersucht sind, daß bei Normaltemperaturen verschiedene Verwitterungsmineralien (außer Kaolinit) synthetisiert wurden, daß Ionenaustausch, Sorption, Hydratationsenergie und der Einfluß verschiedener organischer Säuren untersucht wurden, daß schließlich Versuche zur hydrolytischen und elektrodialytischen Zersetzung von Silikaten vorliegen, daß es aber bisher noch niemandem gelungen ist, unter sterilen Verhältnissen (bei Normaltemperatur, Normaldruck, Einwirkung von Wasser, Kohlensäure, gewöhnlichen organischen Säuren und verdünnter Schwefelsäure) den Prozeß der Verwitterung der Silikate modellmäßig nachzuahmen, ein Silikat bis zum Erhalt von Glimmer, Hydroglimmer und Montmorillonit zu zerstören und ein ganz gewöhnliches Verwitterungsprofil zu erzielen. Offensichtlich sind diese Reagenzien an sich nicht in der Lage, die Aktivierungsbarriere zu überwinden, wie das insbesondere für die Zerstörung der Alumosilikate notwendig ist. Wahrscheinlich sind hier bestimmte aktivierende Substanzen oder Katalysatoren von Bedeutung. Es kann sich aber nicht um Spurenelemente handeln, da die Mineralien, an denen die Versuche durchgeführt wurden, diese ebenfalls enthalten. Man muß hier einen Einfluß von organischer Substanz sowie von Bakterien und Flechten annehmen. Es gibt unter diesen Arten, die Silikate und Alumosilikate zersetzen. Gegenwärtig kann der Einfluß gewisser organischer Substanzen sowie von Produkten der Autolyse von Silikatbakterien auf die Zersetzung von Silikaten bereits als bewiesen angenommen werden, wobei diese Einwirkung um ein Vielfaches stärker ist als die Wirkung anorganischer Säuren (ANTIPOW-KARATAJEW, GINSBURG & JASHINA).

5. Die Bedeutung der chemisch-mineralogischen Zusammensetzung der Ausgangsgesteine

Durch die Untersuchung der Verwitterungskrusten wird allmählich klar, welchen Einfluß die Zusammensetzung der Ausgangsgesteine auf die Bildung bauwürdiger Konzentrationen bestimmter Metalle ausübt, und zwar nicht nur in residualen und Seifenlagerstätten, sondern auch in einigen sedimentären Lagerstätten auf Tafeln. Hier sind Nickelhydrosilikatlagerstätten zu nennen (sowohl residuale als auch Karstlagerstätten), Lagerstätten seltener Elemente in Karbonatiten, Diamantseifen, einzelne Eisenlagerstätten u. a. Gegenwärtig wird die Frage diskutiert (EDELSCHTEJN 1961), bei welchen Verhältnissen der Hauptelemente im festen Gestein (im Anstehenden) die Bildung bauwürdiger Nickelkonzentrationen möglich ist. In immer stärkerem Maße fällt Tatsachenmaterial an, das dazu zwingt, Bauxitlagerstätten, sogar die sog. „geosynklinalen", mit Verwitterungskrusten in Zusammenhang zu bringen, die hauptsächlich auf basischen Eruptiv- und Effusivgesteinen entstanden sind. Jetzt werden Überreste solcher Krusten in der Umgebung von Bauxitlagerstätten nachgewiesen. I. I. GINSBURG ist der Meinung, daß die ungenügende Beachtung der Verwitterungskrusten als Lieferanten der Tonerde das Aufsuchen von Bauxitlagerstätten negativ beeinflußt hat.

Die Untersuchungen der letzten Jahre zeigen, daß eine mehrfache Umlagerung der mineralischen Substanz auf der Erdoberfläche möglich ist und dadurch der Gehalt der nutzbaren Komponenten in den Gesteinen zunehmen kann. I. I. GINSBURG vertritt die u. E. richtige Ansicht, daß aus „Clarke“-Gehalten der Elemente in den Gesteinen in der Regel keine industriell interessanten kontinentalen (terrestrischen) Lagerstätten entstehen können, obgleich viele Wissenschaftler die Genese einer Reihe von Lagerstätten damit zu erklären versuchen. Sedimentäre Fe- und Mn-Lagerstätten können nur entstehen, wenn Gesteine verwittern, die höhere Gehalte dieser Elemente aufweisen. I. I. GINSBURG hält es für notwendig, diese altbekannte Wahrheit auszusprechen, weil in verschiedenen in jüngster Zeit erschienenen Arbeiten die Rolle der geologischen Zeit und der tektonischen Bewegungen bei der Bildung von Lagerstätten der Verwitterungskruste überbewertet und die Zusammensetzung der Ausgangsgesteine unterschätzt wurde. Die Dauer der geologischen Zeit, günstige geomorphologische Verhältnisse, tektonische Bewegungen und das Klima sind Faktoren, welche die Bildung hoher Konzentrationen beschleunigen und die Bedeutung der Zusammensetzung der Ausgangsgesteine intensivieren oder abschwächen können, sie sind aber nicht in der Lage, aus einem Nichts bauwürdige Konzentrationen zu erzeugen. Die Wahrscheinlichkeit, daß Lagerstätten entstehen, ist eben dort größer, wo bereits in den Ausgangsgesteinen höhere Konzentrationen vorliegen. Damit hohe Gehalte bestimmter Elemente in der Verwitterungskruste entstehen können, muß sich das Ausgangsgestein leicht zersetzen. Aus Nephelinen und Basalten entstehen daher eher Bauxite als aus Alkaligraniten, in denen Orthoklas oder Albit als schwer zersetzbare Komponenten auftreten. Effusivgesteine mit höherem Glasgehalt werden leichter zersetzt als kristalline Gesteine gleicher chemischer Zusammensetzung. Die Zusammensetzung der Ausgangsgesteine prägt, wie nicht anders zu erwarten, auch den Verwitterungsprodukten ihren Stempel auf: So liefern z. B. K- und Na-Feldspäte leichter lösliche und weniger zur Hydrolyse neigende Verwitterungsprodukte als Ca- und Mg-haltige. Dafür ist die Hydratationsenergie von Ca und Mg höher als von K und Na. Die Zersetzung der Gesteine ist also die Folge der wechselseitigen Verknüpfung verschiedener Faktoren, und ein und dasselbe Klima und die gleiche Tektonik, die gleiche Geomorphologie und ein gleiches geologisches „Medium“ können also auf die verschiedenen Komponenten des Gesteins mit unterschiedlicher Intensität einwirken.

6. Der Einfluß des Wassers und der physikalischen Eigenschaften der Gesteine auf die Prozesse der Krustenbildung

Wie bereits erwähnt, hängen die Vorgänge der Krustenbildung mit der Hydratation der festen Gesteine, ihrer Hydrolyse und dem Ionenaustausch zusammen, wobei im wesentlichen das Wasserstoffion des Wassers gegen die Kationen der Alkalien und Erdalkalien ausgetauscht wird. Diese Prozesse werden in der Hauptsache durch zwei Faktoren gesteuert, nämlich durch das Klima (Niederschlagsmenge, Temperatur, Luftfeuchtigkeit, organisches Leben) und durch die geologischen Verhältnisse (in erster Linie hier durch den Wasseraustausch mit dem Gestein, dessen Zusammensetzung und Struktur, ferner durch Tektonik und Erosion).

I. I. GINSBURG unterstreicht die bei den Verwitterungsprozessen auftretende Klüftung. Diese bevorzugt alte, vorgegebene tektonische Richtungen. Die Verwitterungsklüfte reichen gewöhnlich bis in 30—60 m, ab und zu bis in 80 m Tiefe. Auf dem Ukrainischen Kristallinen Schild lassen sich solche Spalten sogar bis in 100—150 m Tiefe verfolgen. Besonders günstige Verhältnisse für die Verwitterung stellen sich an Gesteinsgrenzen ein. Bei intensivem Wasseraustausch und günstigen Abflußverhältnissen nimmt die Mächtigkeit der Verwitterungskruste zu. Es ergibt sich eine gewisse Zonalität der Verwitterungskruste, dergestalt, daß in den oberen Zonen die mehr sauren Verwitterungsprodukte (Fe- und Al-Hydroxyde, Kaolinit), in den unteren die mehr alkalischen (Montmorillonit- und Hydroglimmertone) akkumuliert werden. Ein intensiver Wasseraustausch führt auch dazu, daß die Basen aus dem gebundenen Wasser, das die „Mikroblöcke“ der Silikate umgibt, in stärkerem Maße in das freie bewegliche Wasser herausdiffundieren.

In diesem Zusammenhang lenkt I. I. GINSBURG die Aufmerksamkeit auf die Untersuchung der „Porenwässer“ der Verwitterungskruste. A. J. BABINEZ (1961) hatte derartige Wässer von Kaolinkrusten in der Ukraine untersucht. Da diese Krusten in der Kreide und im Tertiär vom Meer bedeckt waren, spiegeln sie auch dessen Salzzusammensetzung wider und enthalten höhere Chloridanteile. Die Untersuchungen von BABINEZ ergaben, daß im Vergleich zu ihrem Gehalt im Trockenrückstand der Porenlösungen die meisten Elemente im Gestein mit höheren Gehalten auftreten, daß aber Mn, Ca und Sr im Trockenrückstand der Porenwässer in relativ höheren Mengen als im Gestein vorliegen, aus denen diese Porenwässer stammen. Die in den primären Kaolinen entstehende Porenlösung reichert, wenn sie in die Untertagewässer der wasserführenden Horizonte gerät, die letzteren mit Spurenelementen an. Die Zusammensetzung der Porenwässer und der aus den Verwitterungsspalten entnommenen Untertagewässer ist gewöhnlich ähnlich. Die detaillierte Untersuchung der Migration der einzelnen Elemente aus den Verwitterungskrusten auf kristallinen und anderen Gesteinen leistet also dabei Hilfe, die „Quellen“ der Migration und ihren Charakter zu erfassen. Intensität und Geschwindigkeit der Auslaugung und Oxydation lassen sich mit der Intensität des Wasseraustausches und der Entwässerung (Drainage) in Zusammenhang bringen.

In Abhängigkeit von den ebengenannten Faktoren können ein und dieselben Gesteine oder Erze bei ein und demselben Klima eine unterschiedliche Menge von Verwitterungs- und Oxydationsprodukten liefern sowie Verwitterungskrusten und Oxydationszonen unterschiedlicher Mächtigkeit erzeugen.

I. I. GINSBURG gibt den Geologen den Hinweis, bei der Untersuchung kontinentaler (terrestrischer) Erzlagerstätten, der Verwitterungskrusten und ihrer Abtragungsprodukte besonders die geomorphologischen und hydrogeologischen Verhältnisse zu berücksichtigen. Ohne diese Voraussetzungen ist es nicht möglich, die Gesetzmäßigkeiten der Lagerstättenbildung vollständig zu klären und exakte Prognosen aufzustellen. Das gilt besonders bei der Anfertigung großmaßstäblicher Karten, bei denen die Berücksichtigung der „Makrofaktoren“ allein nicht weiterhilft.

7. Die Oxydation sulfidischer Erze

Die damit zusammenhängenden Vorgänge wurden bisher als selbständige Erscheinung außerhalb des Zusammenhangs mit der Verwitterung behandelt. Gegenwärtig ist der Zusammenhang dieser Prozesse sowohl territorial, zeitlich und hinsichtlich der allgemeinen Richtung schon klar, er wurde aber nicht auf allen Lagerstätten verfolgt, obwohl gerade eine Kombination der Untersuchungen, sowohl die Untersuchung der Verwitterungskrusten als auch der Oxydationszonen, vorwärtstreiben kann, wie die Arbeit von GLASOWSKAJA (1960) gezeigt hat. Durch die Erweiterung unserer Kenntnisse über die Verwitterungskrusten konnten viele sich auf die Oxydationszonen beziehende Fragen geklärt werden, z. B. ihr Alter, die Phasen der Anreicherung dieser Zonen mit Kieselsäure, Karbonaten und Komplexsalzen. Die Rolle der epirogenen Bewegungen bei der Bildung und Erhaltung der Oxydationszonen konnte klargestellt werden. In den letzten Jahren ergab sich, daß einige Lagerstätten bei der Verwitterung mit Edelmetallen und seltenen Metallen angereichert werden. Je umfassender und tiefgründiger die Untersuchung der Bildungsverhältnisse der alten Verwitterungskrusten betrieben wird, desto mehr Unterlagen erbringt sie für die Erkenntnis der Oxydationszonen sulfidischer, karbonatischer, silikatischer und oxydischer Erze.

8. Die Oxydationszone als Quelle für die Wegfuhr von Erzelementen

Nach I. I. GINSBURG umfaßt die „Formation" der Verwitterungskruste nicht nur residuale Lagerstätten, sondern es gehören auch ihre Erosionsprodukte dazu, der sog. „feste" und „flüssige" Abfluß. Durch mechanische und chemische Differentiation während des Transports entstehen sedimentäre Lagerstätten der Erze und Nichterze. Es drängt sich die Frage nach der Transportweite der Tonerde- und Eisenverbindungen, der Verbindungen von Cu und Ni, der Verbindungen von Vanadin, Uran und Thorium, der kolloidalen Formen des Goldes usw. auf. Bestünde jetzt schon die Möglichkeit, diese Frage konkret zu beantworten, so könnte man das Gebiet festlegen, in dem die sedimentären Lagerstätten aufzusuchen wären, und umgekehrt könnte man anhand nachgewiesener Lagerstätten die entsprechenden Verwitterungskrusten ermitteln. I. I. GINSBURG verweist auf die Arbeiten von W. P. KASARINOW und A. P. SIGOW (1960), die versuchen, die Bildung verschiedener Sedimentgesteine und sedimentärer Lagerstätten mit tektonischen Zyklen und den Denudationsvorgängen bei der physikalischen und chemischen Verwitterung der sich allmählich entwickelnden Verwitterungskruste in Zusammenhang zu bringen. Zur Charakterisierung dieser Zusammenhänge benutzten die letztgenannten Autoren verschiedene Rechenkoeffizienten. W. P. KASARINOW benutzt z. B. den „Monomineralitätskoeffizienten" und den „Terrigenitätskoeffizienten". Unter dem erstgenannten Begriff versteht er einen Quotienten, wobei die Menge der bei der chemischen Verwitterung stabilen gesteinsbildenden Mineralien und Gesteinstrümer (Quarz, Kieselsäure, Quarzite usw.) durch die Menge der instabilen (Feldspäte, Amphibol, Glimmer usw.) dividiert wird. Auf entsprechenden Profilen charakterisiert W. P. KASARINOW mit diesem Koeffizienten die zeitliche Veränderung der Mineralzusammensetzung der gesteinsbildenden terrigenen Komponenten der Sedimentationszone und die damit zusammenhängenden Veränderungen der „Landschaften" im Denudationsgebiet, ferner die Zusammenhänge zwischen chemischer und physikalischer Verwitterung in diesem Gebiet. Der „Terrigenitätskoeffizient" gibt den Durchschnittsgehalt (in %) der aleurolitischen und noch gröberen Faktoren im Gesamtgestein an. Anhand beider Koeffizienten konnte W. P. KASARINOW die Gesetzmäßigkeiten der Sedimentation im Devon und im Unterkarbon studieren und zu Folgerungen über die Entwicklungsbedingungen der Verwitterungskruste im Denudationsgebiet gelangen. Letztere entstand an der Grenze zweier orogener Phasen.

A. P. SIGOW führte einen „paläogeographischen Koeffizienten" ein, der dem „Monomineralitätskoeffizienten" W. P. KASARINOWs entspricht. Einige von A. P. SIGOW ermittelte Werte dieses paläogeographischen Koeffizienten sollen hier angeführt werden. Sie gelten für die im Ural untersuchten Verwitterungskrusten:

Quartär (kaltes Klima)	0,5
Pliozän (gemäßigtes und etwas arides Klima)	1,06
Miozän (gemäßigtes bis warmes Klima)	2,13
Oligozän (feuchtes, mäßig warmes Klima) (Kaolinverwitterung)	15,8 bzw. 28,8
Eozän	20 und mehr
Oberkreide (tropisch feuchtes Klima)	26,5

Die paläogeographischen Koeffizienten A. P. SIGOWs sind von Interesse für das Aufsuchen von Seifenlagerstätten, da sie die Möglichkeit ihrer Bildung in Abhängigkeit vom Grad der Zersetzung der Gesteine in den Verwitterungskrusten erkennen lassen. I. I. GINSBURG schlägt vor, die paläogeographischen Koeffizienten SIGOWs mit den von ihm (I. I. GINSBURG) früher bereits vorgeschlagenen detaillierten „Verwitterungskoeffizienten" zu kombinieren und diese Koeffizienten auf alle Sedimentgesteine auszudehnen, um einigermaßen begründete Unterlagen zur Vorhersage von Lagerstätten der Verwitterungskruste zu schaffen.

Der Phasenanalyse von Tonen mißt I. I. GINSBURG ebenfalls erhebliche Bedeutung bei, da z. B. freie Tonerde auf einen lateritischen Verwitterungstyp deutet. Hohe Gehalte von Titanoxyd und einigen anderen beigemengten Elementen lassen darauf schließen, daß diese Tone durch Resilifizierung von Bauxiten entstanden.

W. A. GUSAKI untersuchte im Rayon Orsk (Transuralgebiet) einige junge Verwitterungskrusten, die in einer tektonischen Depression liegen. Seine Studien führten zu der Folgerung, zu der auch N. I. ARCHANGELSKI und A. P. SIGOW gelangten, daß nämlich in den Anfangsstadien der Bildung von Verwitterungskrusten das Klima die beherrschende Rolle spielt, während das tektonische „Leben" des Gebiets erst in zweiter Linie maßgebend für deren Ausbildung ist. Dauern die Verwitterungsvorgänge auf einem bestimmten Territorium längere geologische Zeiträume an, so tritt die Rolle des Klimafaktors zurück und die spezifischen Besonderheiten der Mineralzusammensetzung der Verwitterungskruste sowie ihre Mächtigkeit und Verbreitung werden in diesem Fall nur durch die Zeit und das tektonische Regime des Gebiets kontrolliert.

I. I. GINSBURG hält es nach wie vor für unmöglich, alle Fragen der Genese aller Verwitterungskrusten und der damit zusammenhängenden mineralischen Rohstoffe eindeutig nur mittels eines Faktors, und sei dieser selbst vorherrschend, lösen zu wollen.

Zum Abschluß dieses Punktes behandelt Verf. die von der Verwitterungszone beeinflußten Erzwässer. Diese Wässer, die außerordentlich viele Metalle enthalten können, sind in ihrer spezifischen Besonderheit noch 1,5 km und mehr von der „Quelle" der Erosion aus nachweisbar. Mit den heutigen Verfahren in diesen Wässern nachweisbar sind lösliche Salze der Metalle Pb, Ag, Bi, Mo, Ti, Sn, Au, Re, Ba u. a. Von besonderem Interesse sind in diesen Wässern disperse Elemente von Alkaligesteinen. Die Wässer können in diesem Fall gute Indikatoren für das Aufsuchen seltener Elemente in den entsprechenden Gesteinen sein.

9. Humide Verwitterung, Tektonik und alte Verwitterungskrusten in der Entwicklungsgeschichte der Erde

Nach N. M. STRACHOW „war die humide Gesteinsbildung in der Vergangenheit gewöhnlich und weit verbreitet, und ihre Ablagerungen machten die größte Masse der Stratisphäre aus". Dieser Wissenschaftler betrachtet das tropische, subtropische, gemäßigte und das kalt-feuchte Klima als Spielarten des humiden Regimes überhaupt. Seiner Theorie der Lithogenese der Sedimentgesteine legte er deshalb die Verwitterungsprodukte zugrunde, die im humiden Klima entstanden.

Zur Bildung von Verwitterungskrusten mit bedeutender Mächtigkeit ist tropisches oder subtropisches Klima erforderlich, gekennzeichnet durch hohe Jahresmittel (20 bis 25°C) und hohe jährliche Niederschlagsmengen (1000 bis 6000 mm pro Jahr). Die zweite Voraussetzung für die Entstehung mächtiger Verwitterungskrusten bilden geeignete geologische Verhältnisse und das damit zusammenhängende Relief. Die dritte Voraussetzung, von der die Ausbildung der Verwitterungskruste abhängt, ist die Zusammensetzung der Ausgangsgesteine. Gerade die zuletztgenannte wird von den Lithologen und Geomorphologen gern übersehen.

Der Einfluß, welchen die Vorgänge der Tektogenese auf Entstehung und Erhaltung der alten Verwitterungskruste ausüben, wurde eingehend untersucht, und N. I. ARCHANGELSKI nimmt an, daß die Lokalisierung der Lagerstätten der Verwitterungskruste im wesentlichen durch Struktur und Lithologie kontrolliert wird. In Gebieten mit Blockverschiebungen, auf schmalen Horsterhebungen, besitzen die Verwitterungskrusten ihre größte Mächtigkeit. In Gebieten, in denen die Gesteine große positive Reliefelemente (z. B. breite Plateaus) bilden, sind die Mächtigkeiten der Verwitterungskrusten gering.

Eine der schwierigsten Fragen der Geologie besteht nach I. I. GINSBURG darin, das Alter der Verwitterungskrusten zu bestimmen. Der Verfasser gibt in den folgenden Ausführungen eine zeitliche Übersicht über die Bildung von Verwitterungskrusten in der Erdgeschichte, die hier z. T. wörtlich übernommen werden soll. Über Verwitterungskrusten vor dem Proterozoikum wissen wir nichts, es müssen aber welche vorhanden gewesen sein. Zeugen dafür sind die Paragneise, Schiefer, Sandsteine, Quarzite und Jaspilite im Becken von Kriwoj Rog, in der magnetischen Anomalie von Kursk u. a., ferner die Sillimanit- und Kyanitgneise Kareliens und des Fernen Ostens und die Pyrophyllitzwischenlagen in den ältesten Gesteinen Wolhyniens.

Zuverlässigere Angaben sind aus dem Ripheikum und dem Unteren Kambrium bekannt. Zu den Bildungen der Verwitterungskruste in dieser Zeit gehören die Bauxite der Lagerstätte Bokson. Ein Teil der Bauxite der VR China, die ins Sinium gestellt wurden, gehört wahrscheinlich auch hierher. Im Gebiet der Moskauer Syneklise liegen unter Ripheikum und Kambrium metamorph nichtveränderte Hydroglimmer-, Kaolin- und Ockerverwitterungskrusten.

Im Mitteldevon (Eifel und Givet) kommen sowohl Abtragungsprodukte der Verwitterungskruste (die Bauxite im nördlichen und z. T. im mittleren Ural) als auch Verwitterungskrusten selbst vor. In diese Altersstufe gehören auch die in Baschkirien und im südöstlichen Tatarien aufgefundenen Lager von Hydrogoethiterzen. In Salair sind im Mitteldevon Bauxitlagerstätten bekannt, und auf Timan folgen Eisenerze der Basis des Mitteldevons.

An der Grenze Devon/Unterkarbon und im Unterkarbon sind Verwitterungskrusten besonders weit verbreitet. Nach N. M. STRACHOW „setzte im Oberdevon eine Umgestaltung der klimatischen Zonalität der Erde ein (Verlagerung der Pole), wobei diese Umgestaltung das gesamte Karbon sowie das Perm und die Trias erfaßte. Auf dem Festland entwickelten sich im verstärkten Maße pflanzliche Organismen, zum erstenmal entstand eine Bodendecke, der Einfluß der organischen Substanz auf die Herausbildung der Verwitterungskruste nahm zu. Es vollzog sich eine intensive Humidisierung des Klimas." In das Oberdevon—Unterkarbon gehören die Lateritkrusten und die Bauxite in den Gebieten von Sewero-Oneshski, Borowitschi, Tichwin, Rjasan, der magnetischen Anomalie von Kursk, Woronesh, Timan u. a. Sie folgen bevorzugt dem Jasnaja-Poljana-Horizont. In einigen Gebieten treten in diesem Zeitraum auch Manganerze, Siderite usw. auf. I. I. GINSBURG schlägt vor, dieses für die Bildung von Verwitterungskrusten und ihren Abtragungsprodukten so günstige geologische Zeitintervall bei den Sucharbeiten stärker als bisher zu berücksichtigen.

Über Verwitterungskrusten des Mittleren und Oberen Karbons liegen wenig Angaben vor, obwohl bekannt ist, daß die mittel- und oberkarbonische Flora West- und Südeuropas im tropischen Klima gedieh, das eine tiefgründige chemische Verwitterung begünstigte. Indirekte Hinweise, daß auch im Mittel- und Oberkarbon eine intensive Verwitterung erfolgte, liegen vor. Hierzu sind gewaltige Sideritlagerstätten (Türkei), Manganlagerstätten (Sinai) sowie Bauxitlagerstätten am Südrande des Ferganabeckens zu rechnen.

Angaben über Verwitterungskrusten im Perm sind nicht vorhanden.

In der Trias rückte der Äquator nach Süden und nahm etwa zu Beginn des Juras jene Lage ein, die er bis heute beibehalten hat. In Zusammenhang damit bilden Obere Trias und Unterer Jura die zweite Epoche der intensiven Entwicklung von Verwitterungskrusten, die auch besser als die vorhergehenden erhalten geblieben sind. Im Unteren und z. T. im Mittleren Jura herrschte im Vergleich zu den anderen Zeiträumen des Mesozoikums ein feuchtes Klima. Hier ist eine maximale Entwicklung der Verwitterungskrusten zu verzeichnen, ferner sind auch aus dieser Zeit große Lagerstätten oolithischer Eisenerze sowie Kohlenlagerstätten bekannt.

Im Oberen Jura ist eine Abschwächung der Humidisierung zu verzeichnen, und die Prozesse der Bildung von Verwitterungskrusten wurden abgeschwächt. In der Kreide ist ein nochmaliges „Aufflammen" der Krustenbildung zu verzeichnen, und die weit verbreiteten Bauxite aus dem Apt und Alb hängen damit zusammen.

Kaoline und besonders Bauxite sind immer charakteristisch für feuchtes und warmes Klima, d. h. für Tropen und Subtropen.

Die Verwitterungskrusten können unter Umständen recht weitgehend verändert werden (Verkieselung, Karbonatisierung, seltener Montmorillonitisierung und Halloysitisierung). I. I. GINSBURG betrachtet die Untersuchung der Verwitterungskrusten, besonders der mesozoischen und känozoischen, als ein dringendes Erfordernis. Mit vielen derselben, besonders den mesozoischen, stehen zahlreiche Minerallagerstätten im Zusammenhang.

10. Die aride Verwitterung

Sie liefert, von den Salzen abgesehen, wenig Minerallagerstätten. Bei dieser Verwitterung kommt es zu räumlich ausgedehnten Verkieselungserscheinungen (Mugodshary, Zentralkasachstan). Einige Typen von Oxydationszonen oder einzelne Entwicklungsstadien dieser Zonen hängen mit der ariden Verwitterung zusammen. Die Zeolithe in verschiedenen Lagerstätten (Chibinentundra u. a.) entstanden in trockenem Klima bei der Verwitterung alkalireicher Gesteine, meist von Nephelinsyeniten und Alkalieffusiva (DORFMAN 1960).

11. Die Bedeutung physikalischer und chemischer Untersuchungen

Als Hauptaufgaben bei der mineralogisch-geologischen Untersuchung der physikalisch-chemischen Prozesse, die bei der Entstehung und Zerstörung der Verwitterungskruste beteiligt sind, nennt I. I. GINSBURG folgende: 1. Untersuchung der Oberflächeneffekte an Mineralien; 2. Untersuchung der Eigenschaften kolloider Mineralsysteme, hierbei auch von Erzmineralien (Eisen- und Manganhydroxyden, Tonerde, Kieselsäure, Oxyden der seltenen Elemente und der TR, verschiedenen Systemen von Fe-, Al- und Mg-Silikaten); 3. Untersuchung der Phasengleichgewichte bei der Bildung von hypergenen Mineralien; 4. Untersuchung der Elektronenprozesse bei Oxydation und Reduktion; 5. Untersuchung der Energetik (Thermodynamik) der Verwitterungsprozesse; 6. synthetische Herstellung der in der Verwitterungskruste auftretenden Mineralien; 7. modellmäßige Durchführung der Verwitterungsvorgänge; 8. Untersuchung des Einflusses, den mikrobiologische Vorgänge auf die Zersetzung von Alumosilikaten, Silikaten und Sulfiden ausüben und die die Konzentrierung der einzelnen Elemente und ihrer Oxyde beeinflussen; 9. Untersuchung des Einflusses, den organische Verbindungen (darunter auch Säuren) auf die Zersetzung der Silikate ausüben, und schließlich 10. Untersuchung des Einflusses der radioaktiven Strahlung auf die Zersetzung kompliziert aufgebauter Mineralien.

Abschließend weist I. I. GINSBURG darauf hin, daß es gilt, auf dem Gebiet der experimentellen Arbeiten einen gewissen Vorsprung einzuholen, den die Wissenschaftler des Auslandes auf diesem Gebiet erzielt haben.

Literatur

AKULSCHINA, J. P., W. I. BRATOW, W. P. KASARINOW & N. I. KOSOLOBOW: Die Gesetzmäßigkeiten der Sedimentation im Devon und Unterkarbon des Südminussinsker Kessels. – Abh. SNIIGGIMS, H. 12, Gostoptechisdat, Leningrad 1960.

BABINEZ, A. J.: Die unterirdischen Wässer im Südwesten der Russischen Tafel. – Verl. Akad. Wiss. Ukrain. SSR (1961).

DORFMAN, M. N.: Die lineare Verwitterungskruste in den Nephelinsyeniten der Chibinen-Tundra.

EDELSCHTEJN, I. I.: Die Rolle der disjunktiven Störungen bei der Entstehung hypergener Nickel- und Kobaltlagerstätten. – Raswedka i ochrana nedr (1961).

SIGOW, A. P.: Die Bedeutung der terrigenen Komponenten der Sedimentgesteine für Stratigraphie und Korrelation. – Sowjetskaja geologija, H. 3 (1960).

STRACHOW, N. M.: Grundlagen einer Theorie der Lithogenese. – Verl. Akad. Wiss. UdSSR, Bd. 1 (1960).

Der geologische Bau und die Erztypen der Fe-Ni-Lagerstätte Bitinckë (Albanien)[1]

MANFRED MERTKE, Halle (Saale)

Die Lagerstätte Bitinckë gehört zu den in Jugoslawien, Albanien, Griechenland und Kleinasien weitverbreiteten chrom- und nickelhaltigen Eisenerzlagerstätten. Diesen Lagerstättentypus finden wir im Bereich der dinarisch-kleinasiatischen Ophiolithzone. Am Aufbau der albanischen Serpentinitzone (NOWACK 1929) sind neben ultrabasischen, meist serpentinisierten, und basischen Gesteinen auch Sedimente des Meso- und Känozoikums beteiligt. Bitinckë liegt im südlichen Inneralbanien, unweit der griechischen Grenze.

Geologischer Aufbau

Der Untergrund des Gebietes Bitinckë (Abb. 1) wird von einem Komplex peridotitischer Gesteine gebildet. Darüber folgt örtlich eine geringmächtige Decke mesozoischer Kalke. Am Berghang östlich Bitinckë tritt Triaskalk als Klippe zwischen Serpentinit und eozäner Bedeckung in Erscheinung. Südlich und östlich Tren wird der Peridotit von Kreidekalk überlagert. Es handelt sich dabei offenbar um einen Erosionsrest der ursprünglich weit verbreiteten Kreidedecke. Der Peridotit ist in den oberen Zonen weitgehend serpentinisiert. Die in der Kreidezeit erfolgte lateritische Verwitterung führte zur Anreicherung silikatischer Nickelerze in der Verwitterungsrinde des Serpentinits sowie abschließend zur Bildung eines lateritischen chrom- und nickelhaltigen Eisenerzes.

Eine voreozäne Abtragungsperiode (wahrscheinlich Paläozän) erodierte große Teile des Eisenerzes. Die

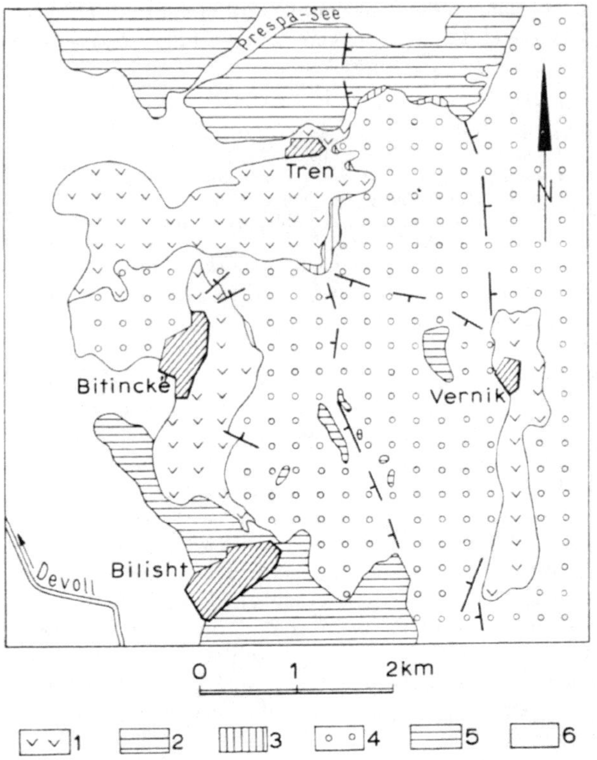

Abb. 1. Geologische Übersichtsskizze des Gebietes Bitinckë

1 – Serpentinit, 2 – Trias, 3 – Kreide, 4 – Eozän, 5 – Miozän, 6 – Quartär

[1]) Eingang des Manuskripts in der Redaktion: 2. 10. 1962

Abb. 2. Blick von SW auf das Bergmassiv von Bitinckë

darauffolgende eozäne Transgression überdeckte das Gebiet mit einer bis zu 300 m mächtigen Serie ufernaher Sedimente, die mit schwacher Diskordanz das Eisenerz bzw. den Serpentinit überlagern.

Jungtertiäre Ablagerungen sind im Gebiet Bitinckë nur noch in einzelnen, von der quartären Erosion verschont gebliebenen Relikten vorhanden.

Fluviatile quartäre Sedimente finden wir im Becken von Bilisht, im Flußgebiet des Devoll.

Serpentinit

An der Oberfläche ist der Serpentinit zumeist gebleicht. In der Umgebung von Störungszonen ist eine unregelmäßig maschenartige Zertrümerung des Gesteins festzustellen. Häufig sind diese Trümer mit Kalzit und Kieselsäure verheilt. Im Gefolge der lateritischen Zersetzung entstehen in solchen Zonen Gerüststrukturen, deren Hohlräume mit limonitisch-erdigem Zersatz gefüllt sind. Die Zersetzung führt zu rotbraunen grusig-erdigen Restprodukten.

Verwitterungsabfolge

7 Eisenerzmulm, rotbraun, verfestigt
6 Serpentinitzersatz, rotbraun, erdig
5 Serpentinitzersatz, rotbraun und grünfleckig, grusig, erdig
4 Serpentinit, grünlichgrau, grusig zersetzt
3 Serpentinit, hellgrau, z. T. gebleicht, fest
2 Serpentinit, grünlichgrau, fest
1 Peridotit, dunkelgrün bis schwärzlichgrün, fest

Die Stufe 3 bildet das sogenannte „Graue Gebirge"
Stufe 4 und 5 das „Grüne Gebirge"
Stufe 6 das „Rote Gebirge"

Stufe 7 ist das lateritische Eisenerz, es entspricht in Genese und chemischer Zusammensetzung dem aus der Literatur bekannten Mayari-Erz der kubanischen Nickelsilikat-Lagerstätten.

Mit fortschreitender Verwitterung findet eine relative Anreicherung von Nickelmineralien statt. Nickel ist mit 0,05—0,2% stets in ultrabasischen Gesteinen enthalten. Entsprechend seiner geochemischen Konstitution ist es isomorph im Olivingitter eingebaut. Durch Zersetzung des Olivins wird Nickel frei und bildet mit anderen Restprodukten die Nickelhydrosilikat-Mineralien. Das gleichzeitig freiwerdende Eisen wird oxydiert und gibt den Verwitterungsprodukten die typische rotbraune Färbung.

Triaskalk

Megalodonführende Kalke der Obertrias treten im Mali-That-Massiv nördlich Bitinckë auf. Es sind vorwiegend graue, dichte bis feinkörnige Kalke, die starke Verkarstungserscheinungen (Karrenbildung) zeigen. Eine Klippe petrographisch gleichartigen Kalkes steht am Hang östlich Bitinckë an. Die stratigraphische Einstufung ist durch das Vorkommen von Megalodontenresten gesichert. Am Ausbiß zeigt der Kalk eine nordsüdliche Längserstreckung von ca. 250 m bei einer maxi-

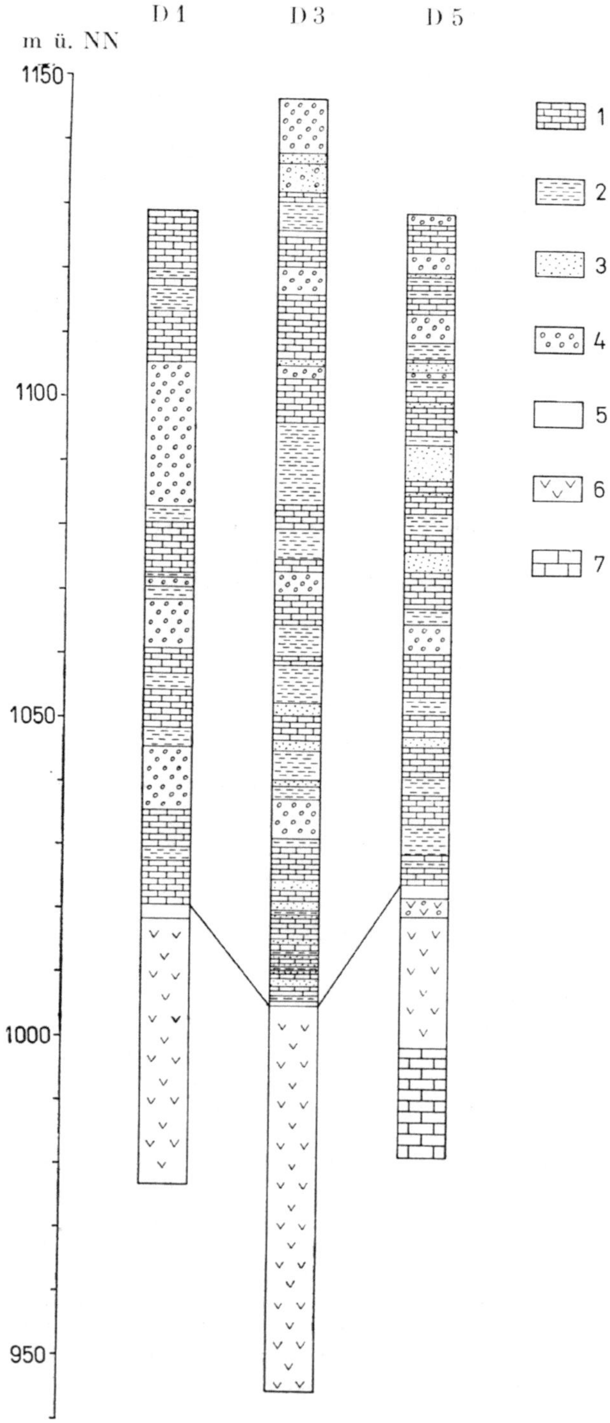

Abb. 3. Bohrungen Bitinckë, N—S-Profil

1 — Kalkstein (Eozän); 2 — Mergel (Eozän); 3 — Sandstein (Eozän); 4 — Konglomerat (Eozän); 5 — Eisenerz; 6 — Serpentinit; 7 — Kalkstein (Trias, Kreide)

malen Mächtigkeit von 25 m. Durch Bohrungen wurde eine weitere Erstreckung unter der eozänen Bedeckung nachgewiesen.

Der Triaskalk bildet vermutlich das primäre Dach des Peridotitmassivs. Ein plattenförmiger nördlicher Ausläufer des Triaskalkes ist über ca. 50 m Längserstreckung allseitig vom Serpentinit umschlossen. Typische Kontakterscheinungen waren makroskopisch nicht nachzuweisen. Sie sind in Anbetracht der hohen Viskosität ultrabasischer Magmen auch nicht zu erwarten (vgl. auch HIESSLEITNER 1951). Bemerkenswert ist allerdings eine starke Zerklüftung mit maschenförmig angeordneten Kalzitrekristallisationen im Kalkstein, in unmittelbarer Nähe des Kontaktes. Unter dem Triaskalk fehlen Lateritisierungserscheinungen des Serpentinits.

Kreide

Rudistenführende Oberkreide ist südlich und östlich Tren nachgewiesen. Es sind ebenfalls massige feinkörnige Kalke, die sich von den Triaskalken jedoch durch hellere Färbung unterscheiden. Der Kreidekalk überlagert den Serpentinit bzw. dessen lateritische Verwitterungsrinde und wird seinerseits vom Eozän mit schwacher Diskordanz überlagert. In Karsthohlräumen und Klüften wurden vereinzelt Eisenerzknauern gefunden.

Eozän

Das Eozän (Abb. 3, 4) erreicht im Zentrum der Lagerstätte Mächtigkeiten bis zu 300 m. Auf Grund der Bohrergebnisse läßt sich eine Gliederung in eine liegende Kalk-Mergel-Serie und eine hangende Konglomerat-Kalk-Serie durchführen. Die Kalk-Mergel-Serie besteht aus einer Wechsellagerung von Kalkstein- und Mergelbänken mit gelegentlichen Einschaltungen von Kalksandsteinlagen. Die Kalkbänke erreichen Mächtigkeiten bis 10 m, während die Mergellagen meist nur einige Dezimeter mächtig sind. Die Farbe der Mergelbänke ist gewöhnlich grau bis dunkelgrau, seltener schwarz oder gelblich. Häufig sind schwarze kohlig-bituminöse Lagen eingeschaltet mit oft ausgezeichnet erhaltenen Pflanzenabdrücken. Die Mergellagen sind meist deutlich geschichtet. Charakteristisch ist ihr Fossilreichtum, vorherrschend Mollusken. An Schnecken wurden die Gattungen *Cerithium* und *Cardita* identifiziert, an Muscheln *Pecten* und *Corbula*. In den Kalksteinbänken wurden vereinzelt Nummuliten gefunden.

Die hangende Konglomerat-Kalkstein-Serie baut sich vorwiegend aus Kalkkonglomerat- und Kalksteinbänken auf. Die Kalkkonglomeratbänke sind einige dm bis zu 10 m mächtig und bestehen aus gut gerundeten, dichten bis feinkörnigen Kalkgeröllen wechselnder Größe (2 bis 150 mm ⌀). Untergeordnet finden sich Kristallingerölle, vorwiegend Gneise, Granitgneise, Glimmerschiefer und Phyllite, selten Quarz. Die Kalkbänke bestehen aus einem grauen bis gelblichgrauen, festen, dichten, gelegentlich tonigen Kalkstein. Das Eozän wurde vorwiegend als ufernahes Sediment abgelagert. Es konnten Sedimentationsrhythmen nachgewiesen werden.

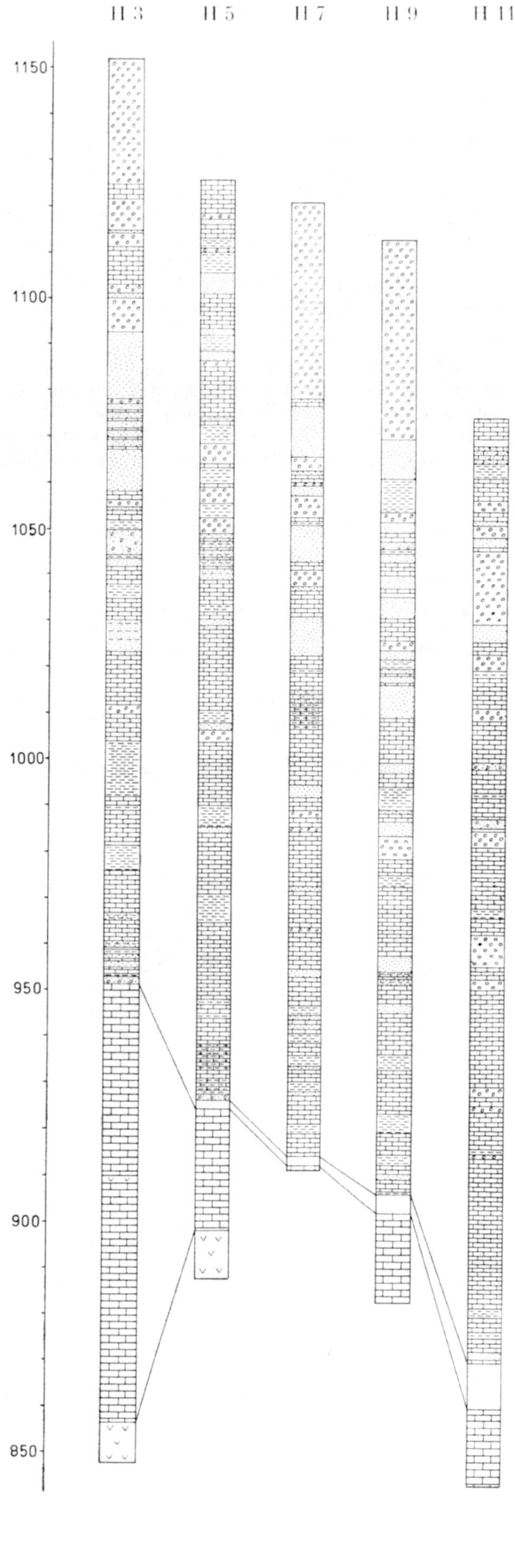

Abb. 4. Bohrungen Bitinckë, N—S-Profil

Abfolge:

Kalkstein, dicht, fossilarm, vereinzelt Nummuliten	Meeresfazies
Mergel, fossilreich, z. T. mit eingeschwemmten Pflanzenresten	Flachwasserfazies
Sandstein, fossilarm	
Konglomerat, fossilfrei	Strandbildung

Während im älteren Eozän die Mergel- und Kalksteinbildungen vorherrschen, finden wir im jüngeren Eozän ein rasches Springen von der Konglomerat- zur Kalksteinbildung, bei nur geringmächtiger Sandstein- und Mergelentwicklung. Diese im Verlaufe des Eozäns zunehmende epirogene Undation zeigt sich als Vorläufer der nachfolgenden jungtertiären Orogenese.

Miozän

Südlich Bitinckë wird der Serpentinit von miozänen Sanden und Mergeln überdeckt. Es handelt sich um unverfestigte und ungefaltete terrestrische Ablagerungen von gelblichbrauner Färbung. Kleine Miozänreste finden sich auch auf dem Bergzug zwischen Bilisht und Vernik.

Lagerstättenkundliche Verhältnisse

Haupterzträger in Bitinckë ist der 1,5—4,0 m mächtige Eisen-Nickel-Horizont im Hangenden des Serpentinits. Das Lager fällt flach nach SE ein und ist durch die posteozäne Tektonik in einzelne Schollen zerlegt. Neben großen N—S streichenden Störungen finden sich zahlreiche SW—NE verlaufende Verwerfungen. Bei im allgemeinen steilem Einfallen der Störungen wurden Verwerfungsbeträge von wenigen Metern bis zu 50 m festgestellt.

Es lassen sich in Bitinckë drei Ni-haltige Gesteinstypen unterscheiden:

1. Serpentinit

Ni	0,39%
Fe	7,59%
SiO_2	27,59%
Cr_2O_3	0,82%
Co	0,02%
Al_2O_3	1,15%
MgO	27,63%

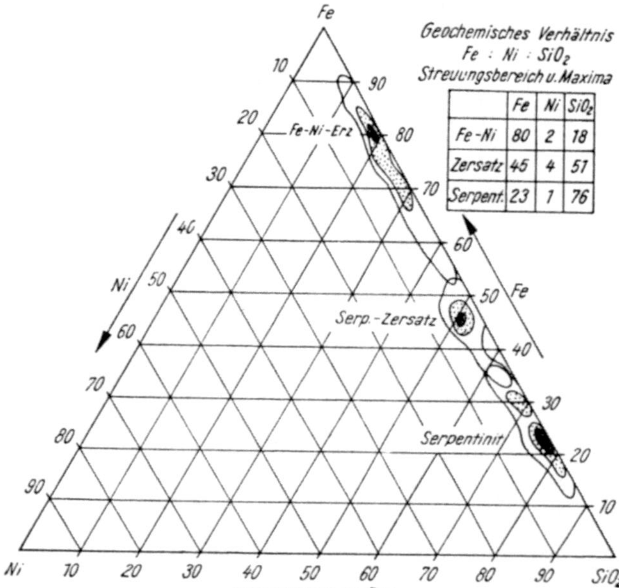

Abb. 5. Diagramm der Erztypen

Die angegebenen Werte sind Durchschnittsgehalte einer größeren Anzahl von Proben.

2. Serpentinitzersatz

Ni	1,05%
Fe	18,59%
SiO_2	26,79%
Cr_2O_3	1,42%
Co	0,35%
Al_2O_3	8,07%
MgO	13,01%

Hierbei wurde der gesamte Zersatz, also „Grünes" und „Rotes Gebirge", zusammengefaßt.

3. Eisen-Nickel-Erz

Ni	0,79%
Fe	37,33%
SiO_2	12,13%
Cr_2O_3	2,68%
Co	0,06%
Al_2O_3	10,65%
MgO	2,27%

Das Fe-Ni-Erz ist ein dichtes, splittrig brechendes Gestein von dunkelbrauner bis rotbrauner Farbe. Der untere Teil des Erzlagers ist örtlich pisolithisch, z. T. auch konglomeratisch ausgebildet. Zum hangenden Eozän ist eine scharfe Grenze ausgebildet; die Liegendgrenze des Erzes ist ebenfalls scharf, aber unregelmäßig wellig mit taschenförmigen Einlagerungen. Es besteht kein Zweifel, daß es sich bei dem Eisenerzhorizont um ein echtes Sediment handelt, das aus der Umlagerung der hangenden Teile der ehemaligen lateritischen Verwitterungsdecke hervorgegangen ist. Nach freundlicher Mitteilung durch eine sowjetische Kollegin besteht das Bitinckër Eisenerz vorwiegend aus Goethit und Hydrogoethit. Vereinzelt wurde Lepidokrokit nachgewiesen.

Ein sekundäres Umlagerungsprodukt des Fe-Ni-Erzes kommt teilweise in den Basisschichten des Eozäns vor. Es bildet bis zu 2 m mächtige, mergelig bis schwach konglomeratisch ausgebildete Lagen. Chemisch unterscheidet es sich vom Fe-Ni-Erz durch hohe SiO_2- und Al_2O_3-Gehalte (22,7 und 10,9%) und niedrige MgO-Werte.

Die genannten Erztypen sind petrographisch und geochemisch gut zu charakterisieren.

Bei der Gegenüberstellung des Verhältnisses von Eisen : Nickel : Siliziumdioxyd ergibt sich das in Abb. 5 dargestellte Bild.

Zusammenfassung

Lateritische Eisen-Nickel- und Nickelhydrosilikatlagerstätten kommen im Bereich der Serpentinitzone vor. In der Lagerstätte Bitinckë sind über dem Serpentinit zwei Erztypen anzutreffen: 1. Serpentinitzersatz, ein lateritisches Verwitterungsprodukt des Serpentinits; 2. Eisen-Nickel-Erz, ein rotbraunes, festes Aufbereitungsprodukt der verwitterten Serpentinitoberfläche. Das Eisen-Nickel-Erz ist jünger als Unterkreide und älter als Eozän. Im Eozän wurde ein rhythmischer Wechsel von Strand-, Flachwasser- und Meeresbildungen nachgewiesen. Diese im Verlaufe des Eozäns zunehmende epirogene Undation erweist sich als Vorläufer der nachfolgenden jungtertiären Orogenese.

Резюме

Описываются латеритовые железо-никелевые и гидросиликатные никелевые месторождения в пределах зоны серпентинитов. В месторождении Битинцкё над серпентинитом встречаются два типа руд: 1) разложенный серпентинит, т. е. продукт латеритового выветривания серпентинита; 2) железо-никелевая руда, т. е. краснобурый твердый продукт обогащения выветрелой поверхности серпентинита. Железо-никелевая руда моложе нижнего мела и старше эоцена. В эоцене было доказано ритмическое чередование береговых, мелководных и морских образований. Эта эпейрогенная ундация, увеличивавшаяся во время эоцена, оказывается предшественницей молодого третичного горообразования.

Summary

In the area of the serpentinite zone lateritic iron-nickel and nickel hydrosilicate deposits are found. In the deposit of Bitinckë two types of ore are met with above the serpentinite: 1. disintegrated serpentinite, a lateritic product of weathering of the serpentinite; 2. iron-nickel ore, a reddish-brown, solid product of preparation of the weathered serpentinite surface. The iron-nickel ore is younger than the Lower Cretaceous and older than the Eocene. For the Eocene a rhythmical change of beach, shallow water and sea formations has been demonstrated. This epirogenic undation increases in the course of the Eocene and turns out to be a forerunner of the following early Tertiary orogenesis.

Literatur

HIESSLEITNER, G.: Serpentin- und Chromerzgeologie der Balkanhalbinsel. — Jb. d. Geol. Bundesanstalt, Sonderband 1 (in 2 Teilen), Wien 1951/1952.

KOSSMAT, F.: Geologie der zentralen Balkanhalbinsel. — „Die Kriegsschauplätze", H. 12, Berlin 1924.

NOPCSA, F.: Geologische Grundzüge der Dinariden. — Geol. Rdsch., 12, 1/2, 1—19, Leipzig 1921.

NOWACK, E.: Geologische Übersicht von Albanien, Erläuterungen z. geologischen Karte 1 : 20000, Innsbruck 1929.

PETRASCHEK jr., W. E.: Zur Geologie der Nickel-Eisenerzlagerstätten von Lokris in Ostgriechenland. — Berg- u. hüttenmännische Mh., Bl. 76 bis 83, 1951.

— Magnetismus und Metallogenese in SE-Europa. — Geol. Rdsch., 42, 1953.

— Über ostmediterrane Gebirgszusammenhänge. — Abh. dtsch. Akad. Wiss. Berlin, Klasse III, H. 1, 9—18, Berlin 1960.

Verschiedene Autoren: Z. angew. Geol., 2, H. 8—9, 9—18, Berlin 1956 (Nickelheft).

Der Einfluß des Veränderlichkeitstyps eines Mineralkörpers auf die Mittelbildung sowie Extra- und Interpolation[1]

FRIEDRICH STAMMBERGER, Berlin

1. Vorbemerkung

Unabhängig davon, ob der Erkundungsgeologe in technischer Hinsicht Bohrungen, bergmännische Arbeiten oder eine Kombination aus beiden einsetzt, macht er im Verlaufe der Erkundung nur in einzelnen Punkten der Lagerstätte und ihrer Mineralkörper Beobachtungen und Feststellungen. Die so gewonnenen Daten sind für ihn die Grundlage zu Aussagen über Form, Ausdehnung, Mächtigkeit, Gehalt und Inhalt usw., kurz die Vorratsmengen und ihre Eigenschaften.

Obwohl er bemüht ist, jede subjektive Deutung auszuschalten und Ergebnisse zu erhalten, die Anspruch auf Objektivität erheben können, ist er nicht immer von ihrer Übereinstimmung mit der Wirklichkeit überzeugt. Bei Abschluß jeder geologischen Erkundung stellt sich der Bearbeiter unvermeidlich die Frage, ob seine Schlußfolgerungen richtig sind und die ihnen zugrunde gelegten Ausgangsdaten die Verhältnisse der Lagerstätte richtig wiedergeben.

Diese Frage berührt die Grundlage der gesamten geologischen Erkundung. Sie geht auf die Grundfrage zurück, ob es mit Hilfe stichprobenartiger Untersuchungen überhaupt möglich ist, zuverlässige Aussagen über die Lagerstätte zu machen.

Eine echte Repräsentation der Lagerstättenverhältnisse durch die vorliegenden Erkundungsdaten ist offensichtlich nur dann möglich, wenn die Beobachtungspunkte zahlenmäßig so umfangreich und räumlich so verteilt sind, daß in ihnen alle Veränderungen in allen Lagerstättenteilen so weit erfaßt werden, wie entweder zu einer keine Zweifel hervorrufenden Interpolation der Werte zwischen den Beobachtungspunkten oder zu einer exakten statistischen Bestimmung dieser Werte für die praktisch interessierenden Bereiche notwendig ist.

Nur wenn solche Aussagen möglich sind, kann z. B. die Anzahl der vorliegenden geologischen Aufschlüsse und der Abstand zwischen den Beobachtungspunkten als ausreichend bezeichnet werden.

Die entscheidenden Parameter bei der Vorratsberechnung sind flächenhafte Verbreitung, Mächtigkeit und Gehalt des Mineralkörpers. Die Erkundungsaufgabe besteht daher vor allem in der Aufspürung des Ausmaßes und des Charakters der Veränderlichkeit von Mächtigkeit und Gehalt des Körpers, wobei die Ausdehnung des Körpers zwangsläufig mit festgestellt wird. Das macht das Studium des Wesens, des Charakters und der Formen der Veränderlichkeit der Lagerstättenparameter — als Grundlage einer Erkundungsmethodik — so überaus wichtig. Ein Umstand, der leider bei uns auch heute noch oft übersehen wird.

2. Die Veränderlichkeitstypen der Mineralkörper

Im folgenden werden die betrachteten Eigenschaften eines Mineralkörpers (Gehalt, Mächtigkeit u. ä.) allgemeiner als Merkmale bezeichnet und ein in einem Beobachtungspunkt festgestellter quantitativer Wert einer Eigenschaft (z. B. Gehaltswert) als Merkmalswert. Aus der Veränderlichkeit der einzelnen Merkmale resultiert die Veränderlichkeit des Mineralkörpers selbst. Bei unterschiedlichem Charakter und Grad der Veränderlichkeit der einzelnen Merkmale (z. B. Gehalt oder Mächtigkeit) ist für Grad und Charakter der Veränderlichkeit des Mineralkörpers sein wichtigstes und veränderlichstes Merkmal maßgebend.

In einer 1955 russisch und 1957 deutsch veröffentlichten Arbeit hat D. A. SENKOW vier Veränderlichkeitstypen eines Lagerstättenmerkmals ausgeschieden. Wenn der Versuch einer Klassifikation der Veränderlichkeitstypen begrüßt werden mußte, so konnte doch sein Vorschlag nicht widerspruchslos akzeptiert werden.

SENKOW gruppierte die Veränderlichkeit aller Lagerstättenmerkmale danach, ob sie fließend und kontinuierlich oder sprunghaft und diskontinuierlich ist, und berücksichtigte als Drittes, ob sie gesetzmäßig oder regellos

[1] Eingang des Manuskripts in der Redaktion: 29. 10. 1962 (wird fortgesetzt)

abläuft. Bei der Kombination dieser Kriterien erhielt er vier Veränderlichkeitstypen:

Tabelle 1

Typ	Charakteristik		
1	fließend	kontinuierlich	gesetzmäßig
2	fließend	kontinuierlich	nicht gesetzmäßig
3	sprunghaft	diskontinuierlich	gesetzmäßig
4	sprunghaft	diskontinuierlich	nicht gesetzmäßig

Verf. (1957a) hat bereits darauf hingewiesen, daß in dieser Gruppierung „fließend" stets mit „kontinuierlich" und „sprunghaft" mit „diskontinuierlich" koordiniert wird, woraus sich die Möglichkeit ihrer Zusammenfassung und eine Vereinfachung der Gruppierung ergeben.

Der Erkundungsgeologe unterscheidet in der Regel nur zwei polare Typen der Veränderlichkeit eines Lagerstättenmerkmals: gesetzmäßig und regellos (zufällig, chaotisch).

Unter gesetzmäßiger Veränderung wird eine solche verstanden, bei der sich die entsprechenden Merkmalswerte in aufeinanderfolgenden Beobachtungspunkten nach Gesetzen verändern, die mathematisch entweder als eine Funktion oder als Korrelationsbeziehung dargestellt werden können. Die Größe der Veränderung des Merkmalswertes ist im Allgemeinfall unter diesen Umständen von der Entfernung des betreffenden Beobachtungspunktes von einem Ausgangspunkt abhängig.

Nur für diesen Veränderlichkeitstyp und in der Regel nur bei stetiger, allmählicher Veränderung (Zuwachs oder Abnahme) sind grundsätzlich die üblichen Methoden der Inter- und Extrapolation zulässig.

Beim regellosen (zufälligen, chaotischen) Veränderlichkeitstyp verändern sich zwischen zwei Beobachtungspunkten die Merkmalswerte sprunghaft, werden nicht durch mehr oder weniger gleichmäßige Zu- oder Abnahme charakterisiert. Diese Werte können keine Funktionen der Entfernungen ihrer Beobachtungsorte von einem beliebigen Ausgangspunkt sein.

Bei diesem Veränderlichkeitstyp dürfen deshalb die üblichen Methoden der Inter- und Extrapolation nicht angewandt werden. Im Extremfall kann für den Einzelwert nicht einmal ein kleiner, fest umrissener Geltungs- oder Einflußbereich mit hinreichender Begründung angegeben werden (STAMMBERGER 1958b). Diese allgemeine Feststellung hat große praktische Bedeutung, wie am Beispiel der vor Jahren bei uns geführten Aussprache über den „besten" Mittelwert ersichtlich ist.

3. Über die Einsatzmöglichkeit von Bohrungen bei der geologischen Erkundung

Neben der Geophysik stehen als technische Mittel der Erkundung derzeit vor allem Bohrungen und bergmännische Arbeiten zur Verfügung. Mit der Entwicklung der geophysikalischen Methoden geht eine Reduzierung des Umfanges an Bohr- und bergmännischen Arbeiten parallel, gleichzeitig erfolgt jedoch auch zwischen den letztgenannten eine Verschiebung des anteiligen Umfanges zugunsten von Bohrungen, die noch auf lange Sicht in der geologischen Erkundung eine große Rolle spielen werden. Die Entscheidung — Anwendung von Bohrungen oder bergmännischen Arbeiten — wird von mehreren Faktoren beeinflußt, unter denen wirtschaftliche und geologische (einschließlich des Reliefs der Tagesoberfläche) eine besondere Rolle spielen.

Ebenso wie beim Abbau einer Lagerstätte von Abbausystemen kann bei der Erkundung von Erkundungssystemen gesprochen werden. Ihr Klassifikationskriterium sind die eingesetzten maßgebenden technischen Erkundungsmittel. Nach diesem Kriterium können bei den Erkundungssystemen drei Gruppen unterschieden werden: 1. Erkundungssysteme, bei denen nur bergmännische Arbeiten eingesetzt werden; 2. Erkundungssysteme, bei denen nur mit Hilfe von Bohrungen gearbeitet wird, und 3. Erkundungssysteme mit Kombinationen aus bergmännischen Arbeiten und Bohrungen.

W. I. SMIRNOW (1957) schreibt: „Die vollständige Erkundung von Erzkörpern ist ausschließlich mit Bohrungen nur bei Lagerstätten mit nichtwechselhafter Morphologie, aushaltender Vererzung und relativ gleichmäßiger Metallverteilung in großen Erzlagern möglich."

Wenn die Anwendbarkeit eines ausschließlichen Bohrerkundungssystems tatsächlich durch die von SMIRNOW genannten Bedingungen reglementiert würde, könnte das Erkunden — etwas überspitzt formuliert — nur in der Umgrenzung des Lagers und Ermittlung der aushaltenden Mächtigkeit und Gehalte mit wenigen Einzelbohrungen (u. U. einer einzigen) bestehen.

Es kann nicht geleugnet werden, daß große Ausdehnung und Mächtigkeit des Lagers bei relativ gleichbleibenden Eigenschaften des Erzkörpers günstige Bedingungen für die Anwendung von Bohrungen sind (s. STAMMBERGER 1957b). Die Praxis — ökonomische Gesichtspunkte, große Teufen, Erkundungsfristen u. a. — zwingt jedoch häufig zum Einsatz von Bohrungen auch dann, wenn die genannten Verhältnisse nicht vorliegen. Oft sind nur zwei Voraussetzungen erfüllt: Der Erzkörper ist relativ groß und läßt sich ausreichend gut kernen. Kann eine solche Praxis gutgeheißen werden?

Zur Antwort auf diese Frage müssen zweifellos die beiden Grundtypen der Veränderlichkeit für die maßgebenden Parameter — vor allem Mächtigkeit und Gehalt — betrachtet und die Zuverlässigkeit der Ermittlungen beim Einsatz von Bohrungen geprüft werden.

Bei jeder Vorratsberechnung werden die Endangaben aus Mittelwerten für Gehalt, Mächtigkeit u. a. errechnet. Zu untersuchen ist somit, wie genau und zuverlässig diese Mittelwerte aus Bohrangaben berechnet werden können.

a) Gesetzmäßige Veränderlichkeit

Die in Lagerstätten auftretenden gesetzmäßigen Veränderlichkeiten einzelner Parameter[2]) können auf einige Grundformen zurückgeführt werden.

Lineare Veränderlichkeit wird häufig für die Mächtigkeit sedimentärer Komplexe festgestellt. Sinusoidaler Charakter kann sowohl bei der Mächtigkeit (Braunkohlenflöze in Stauchgebieten) als auch beim Gehalt beobachtet werden.

[2]) Hier und später werden bevorzugt die Hauptparameter Gehalt und Mächtigkeit betrachtet.

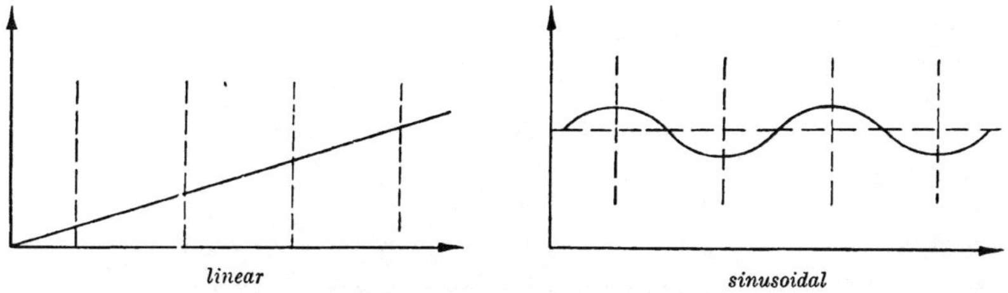

Abb. 1

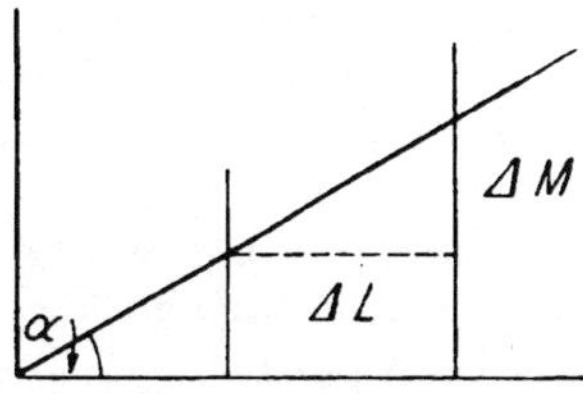

$\Delta M = \Delta L \cdot tg\, \alpha$

Abb. 2

Für beide Grundformen ist kennzeichnend, daß die Veränderung kontinuierlich und der Wert des Merkmals von seiner Lage, d. h. seiner Entfernung von einem Ausgangspunkt, abhängig sind. Ferner ist zu beobachten, daß sich die Veränderung in beiden Fällen auf — allerdings unterschiedlichen — Abschnitten nur in einer Richtung verändert, d. h. entweder zu- oder abnimmt.

Aus beiden Schemata der Abb. 1 ist verständlich, warum zwischen zwei Beobachtungspunkten eine der üblichen Methoden der Interpolation zulässig ist. Außerdem leuchtet ein, daß eine derartige Veränderlichkeit durch eine mathematische Gleichung ausgedrückt werden kann. Zum Beispiel kann der Mächtigkeitszuwachs (ΔM) bei linearer Veränderlichkeit durch die Entfernung vom Ausgangspunkt (ΔL) und den Auskeilungswinkel α bestimmt werden (Abb. 2):

$$\Delta M = \Delta L \cdot tg\, \alpha$$

Bei bekanntem Gesetz der Veränderlichkeit ist es unter solchen Verhältnissen theoretisch möglich, für einen beliebigen Punkt den Merkmalswert — ohne Erkundung — zu berechnen.

Jede Veränderlichkeit, die durch eine mathematische Beziehung ausgedrückt werden kann, ist gesetzmäßig, unabhängig davon, wie einfach oder kompliziert dieser mathematische Ausdruck ist. Offensichtlich ist es möglich, bei gesetzmäßiger Veränderlichkeit des untersuchten Merkmals mit Hilfe von Bohrungen — ohne hier ihre Anzahl zu betrachten — Daten zu erhalten, aus denen verläßliche Durchschnittsparameter berechnet werden können.

b) Zufällige Veränderlichkeit

Bei diesem Veränderlichkeitstyp weichen die in benachbarten Beobachtungspunkten festgestellten Werte des untersuchten Merkmals regellos voneinander ab. Typisch für diese Form der Veränderung ist in vielen Lagerstätten der Gehalt (Abb. 3).

Selbst wenn der Abstand zwischen den Beobachtungspunkten extrem verringert wird, hält diese Unabhängigkeit der Werte voneinander an. In Goldlagerstätten (im Ausland) und in unseren Zinnlagerstätten wurde z. B. bei sogenannten Mammutwerten die Probenahme ordnungsgemäß am gleichen Ort wiederholt und führte in den meisten Fällen zu „normalen" oder sogar extrem niedrigen Gehalten.

Manchmal kann beobachtet werden, daß sich bei chaotischen Schwankungen der Werte auf einzelnen Abschnitten eine deutliche Tendenz zur allgemeinen Zu- oder Abnahme bemerkbar macht. Nicht selten kann sie mit der Überlagerung einer gerichteten, d. h. gesetzmäßigen, Veränderlichkeit durch eine zufällige gedeutet werden.

Bei zufälliger Veränderlichkeit repräsentiert ein festgestellter Wert eines Merkmals keinen Abschnitt, keinen Einflußbereich. Er ist richtig und gültig nur als Einzelwert. Jede Extra- und Interpolation auf Grund solcher Einzelwerte ist unmöglich. Aus solchen Werten kann nur mit Hilfe statistischer Methoden ein repräsentativer Mittelwert für die Vorratsberechnung erhalten werden.

4. Eignung statistischer Methoden zur Lösung von Erkundungsproblemen

Verf. war in einem Aufsatz (1958a) seinerzeit zu dem Schluß gekommen, daß nicht jede Wägung des Gehalts z. B. mit der Mächtigkeit richtig ist, daß erst überprüft werden muß, ob eine Abhängigkeit zwischen Mächtigkeit und Gehalt besteht.

„Wenn eine solche geologisch-physikalische Beziehung nicht vorliegt und dennoch das gewogene Mittel berechnet wird, gibt es unrichtige Werte; sie müssen deshalb unrichtig sein, weil sie nichtexistente geologische Verhältnisse voraussetzen. Verf. ist sich bewußt, daß er mit dieser Feststellung ein Credo vieler deutscher Erkundungsgeologen ablehnt, welches lautet, daß die Wägung des Gehalts mit der Mächtigkeit u. a. stets genauere Resultate liefert."

Besteht zwischen Gehalt und Mächtigkeit weder ein funktionaler noch korrelativer Zusammenhang, liefert der arithmetische Durchschnitt bessere, weil richtigere Daten. W. GOTTE (1959) hat in einem Aufsatz gegen diese Schlußfolgerung nach Untersuchung einiger Modellbeispiele Einspruch erhoben:

„Die behandelten Fälle liefern eine anschauliche Bestätigung dafür, daß bei einer vorhandenen Abhängigkeit des Gehaltes von der Mächtigkeit unbedingt mit dem gewogenen arithmetischen Mittel gearbeitet werden muß. Es geht ferner daraus hervor, daß bei einer genügend großen Probenanzahl auch beim Fehlen dieser Beziehung das gewöhnliche arithmetische Mittel dem tatsächlichen Gehalt ausreichend nahestehende Werte ergibt. Das Credo vieler deutscher Erkundungsgeologen (STAMMBERGER, Abschnitt 5, Abs. 3) beruht jedoch in gewisser Beziehung unbewußt auf einer Tatsache."

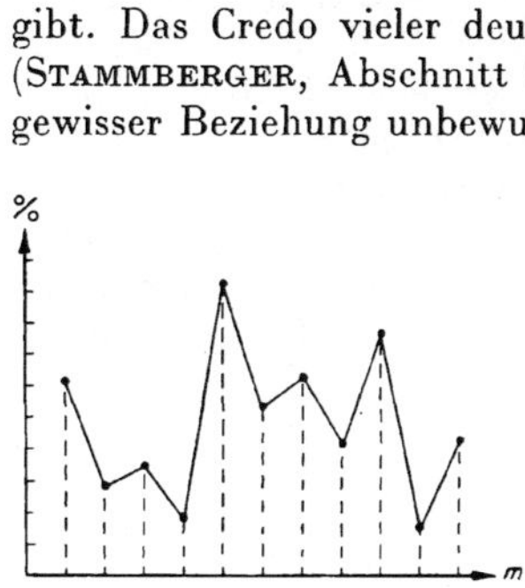

Abb. 3

Überprüfen wir diesen Einspruch an Hand der von GOTTE gelieferten Beispiele (Abbildungen und Tabellenwerte).

A) Nochmals über den „besten" Mittelwert

In den graphischen Beispielen GOTTEs (s. Abb. 4) sind durch die dick ausgezogene Linie die gemessene Mächtigkeit im Beobachtungspunkt und durch Schraffur der Gehalt (der gewissermaßen aus der ganzen Mächtigkeit sedimentiert ist) dargestellt.

a) Nr. 1. Die Gehaltswerte sind konstant, die Mächtigkeit nimmt zu.

Wenn sich alle festgestellten Gehaltswerte nicht voneinander unterscheiden, d. h. gleich sind, erübrigt sich nicht nur eine Mittelbildung; sie ist strenggenommen gar nicht möglich, weil nichts zu mitteln ist.

b) Nr. 2. Der Gehalt nimmt mit abnehmender Mächtigkeit gesetzmäßig zu.

Aus den Tabellenwerten errechnet sich ein mit der Mächtigkeit gewogenes Mittel von 38,5% bei einfachem Durchschnittsgehalt von 44,8%. Bei gesetzmäßiger stetiger Veränderung ist GOTTE berechtigt, die dargestellte Gehaltsfläche zu planimetrieren und die erhaltene Größe für den Durchschnitt als wahren Wert zu betrachten. Er entspricht dem gewogenen Mittel.

c) Nr. 4. Der Gehalt nimmt mit abnehmender Mächtigkeit gesetzmäßig zu.

Grundsätzlich unterscheidet sich dieses Beispiel nicht von Abb. 2. Die Zunahme des Gehalts ist lediglich intensiver. Selbstverständlich wird auch das gleiche Ergebnis erhalten.

d) Nr. 3. Gehalt und Mächtigkeit schwanken bei konstanten Meterprozenten.

Wenn das Produkt aus Gehalt und Mächtigkeit (d. h. Meterprozente) konstant ist, müssen sich beide in gesetzmäßiger Abhängigkeit voneinander verändern, d. h., der Gehalt nimmt bei abnehmender Mächtigkeit entsprechend zu. Dieses Beispiel wiederholt grundsätzlich die Beispiele der Abb. 2 und 4 und muß zum gleichen Ergebnis führen.

e) Nr. 5. Die Gehalte schwanken regellos bei gleichbleibender Mächtigkeit.

Für das mit der Mächtigkeit gewogene Mittel und den arithmetischen Durchschnitt errechnen sich gleiche Werte. Das war jedoch auch ohne Abbildung vorauszusehen, weil die „Wägung" darin besteht, alle Gehalte mit der gleichen Zahl (= Mächtigkeit) erst zu multiplizieren und dann zu dividieren.

f) Nr. 6. Die Mächtigkeiten und Gehalte schwanken regellos (chaotisch).

GOTTE errechnet unterschiedliche Werte für das gewogene Mittel (8,78%) und den arithmetischen Durchschnitt (9,05%). Welcher Wert ist richtig? GOTTE will wiederum das Planimetrierkontrollverfahren anwenden und gibt dazu jedem Einzelwert einen Geltungsbereich bis zur Mitte der jeweiligen Probenabstände. Das ist jedoch falsch, weil er eine regellose Gehaltsverteilung (bei GOTTE auch für die Mächtigkeit) als Prämisse in sein Beispiel hat eingehen lassen. Mit dieser Kontrollmethode läßt sich somit das gewogene Mittel nicht als bester Mittelwert beweisen.

Was hat die Überprüfung der vorgelegten Beispiele gezeigt?

1. Drei Beispiele (Nr. 2, 3 und 4) beweisen, daß bei funktionalen oder korrelativen Beziehungen zwischen Mächtigkeit und Gehalt unterschiedliche Mittelwerte erhalten werden. Da es sich um eine gesetzmäßige Veränderung des

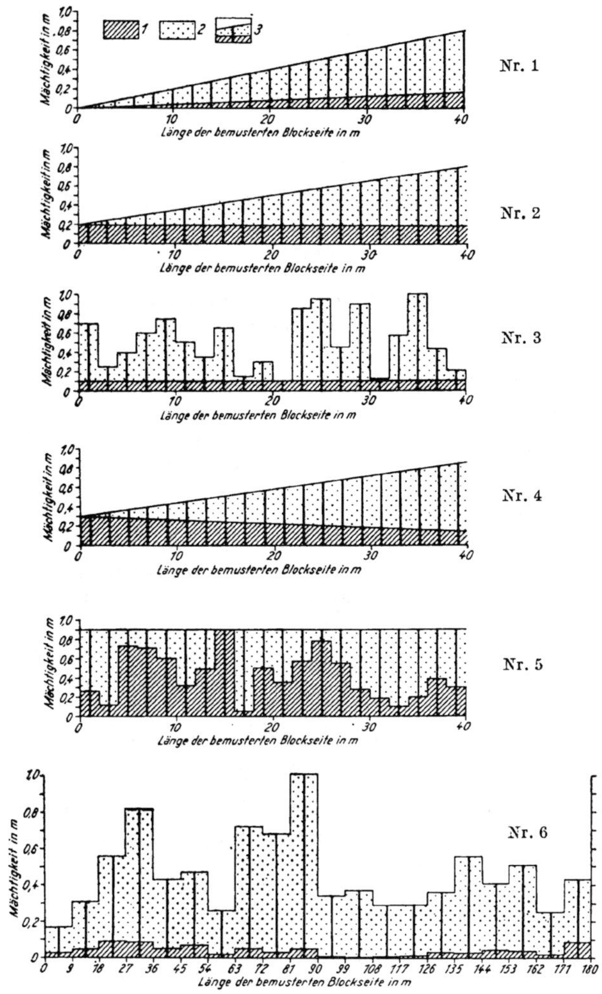

Abb. 4

Gehaltes handelt, ist die verwendete Prüfmethode zulässig, also das gewogene Mittel — wie von STAMMBERGER formuliert — richtiger, besser.

2. In zwei Beispielen wurden gleiche Mittelwerte (arithmetisch und gewogen) erhalten, weil Verhältnisse unterstellt wurden, bei denen entweder überhaupt kein Mittelwert berechnet zu werden braucht (Nr. 1) oder das Wägen auf die Multiplikation und nachfolgende Division mit ein und demselben Wert hinausläuft (Nr. 5). Damit ist schwerlich GOTTEs Einspruch gestützt worden bzw. nachgewiesen worden, daß das gewogene Mittel wenigstens nicht unrichtig ist.

3. Im letzten Beispiel werden ebenfalls verschiedene Mittelwerte erhalten. GOTTE ist jedoch nicht in der Lage, exakt zu beweisen, welches dieser Mittel „besser" ist. Damit stützt jedoch auch dieses Beispiel nicht den gemachten Einspruch.

Ganz offensichtlich ist die unberechtigte Anwendung der planimetrischen Kontrollmethode im Beispiel Nr. 6 darauf zurückzuführen, daß GOTTE die Unterschiede im Charakter der Veränderlichkeit des Gehaltes der Beispiele Nr. 2 und Nr. 6 nicht beachtet hat[3]).

B) Zu den Charakteristiken der Veränderlichkeit

Nach der Berechnung des Mittelwertes für ein Merkmal des Mineralkörpers besteht das Bedürfnis, die

[3]) GOTTE hatte freundlicherweise sein Manuskript dem Verf. zugeschickt, der schon damals auf diesen Fehler aufmerksam gemacht hat. Gleichzeitig empfahl er im Interesse der Weiterführung der begonnenen Aussprache, den Aufsatz zu veröffentlichen, wenn sein Einwand von GOTTE nicht anerkannt werden würde.

Schwankungen der Einzelwerte um das Mittel, die Variationsbreite, zahlenmäßig auszudrücken. Bei uns ist dafür — als Ausdruck der absoluten Schwankungen der Einzelwerte — die sogenannte Standardabweichung eingeführt:

$$\sigma = \pm \sqrt{\frac{\Sigma \Delta^2}{n}}$$

wobei

σ — die Standardabweichung (mittlere quadratische Abweichung)

$\Sigma \Delta^2$ — die Summe der Quadrate der Abweichungen aller Einzelwerte vom Mittelwert

n — die Anzahl der Einzelwerte

Zur Beurteilung der relativen Veränderlichkeit wird σ am Mittel gemessen und der sogenannte Variationskoeffizient (V) berechnet:

$$V = \frac{\sigma}{M}$$

wobei M — das Mittel aus allen Einzelwerten ist.

Auch der Variationskoeffizient ist bei uns in der geologischen Praxis sehr verbreitet und wird oft angewendet, ohne zu prüfen, ob das richtig ist und zu einwandfreien Ergebnissen führt. Untersuchen wir an einem Beispiel, ob er die Veränderlichkeit eines Merkmals immer richtig zum Ausdruck bringt.

In Abb. 5 wurden 8 Messungen dargestellt, einmal bei gesetzmäßiger linearer Veränderung, das andere Mal bei zufälliger. Wenn wir die benötigten Daten tabellarisch zusammenstellen (Tab. 2), erhalten wir für das arithmetische Mittel:

$$\frac{64}{8} = 8\ (M)$$

die Summe aller Quadrate der Abweichungen von M:

$$168 \text{ und somit } \sigma = \pm \sqrt{\frac{168}{8}} = \pm \sqrt{21}$$

Der Variationskoeffizient ist in beiden Fällen gleich:

$$V = \pm \frac{\sqrt{21}}{8}$$

Der Variationskoeffizient bringt somit den unterschiedlichen Charakter der Veränderlichkeit beider Reihen nicht zum Ausdruck. D. A. KASAKOWSKIJ

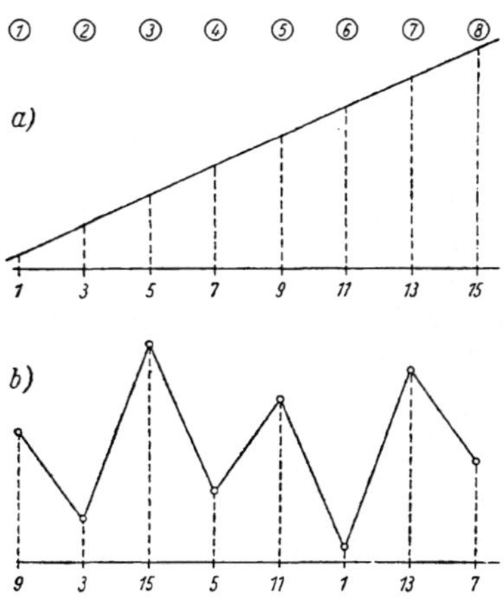

Abb. 5

Tabelle 2

									Σ
Einzelwerte	1	3	5	7	9	11	13	15	64
Abweichung vom Mittelwert M = 8	7	5	3	1	1	3	5	7	
Quadrate der Abweichung	49	25	9	1	1	9	25	49	Σ 168

Tabelle 3

Meßpunkt	Einzelwert	1. Differenz	2. Differenz	
1	1	−2		
2	3	−2	0	Summe der
3	5	−2	0	2. Differenzen
4	7	−2	0	
5	9	−2	0	= Null
6	11	−2	0	
7	13	−2	0	
8	15			

Tabelle 4

Meßpunkt	Einzelwert	1. Differenz	2. Differenz	
1	9	+ 6		
2	3	−12	+18	Abs. Summe der
3	15	−10	−22	2. Differenzen
4	5	− 6	+16	= 112
5	11	+10	−16	K = 6
6	1	−12	+22	$\mu_a = \frac{112}{6}$
7	13	+ 6	+18	
8	7			= 18,66

schlug daher bereits 1948 eine andere Charakteristik vor: Er berechnet die sog. „2. Differenzen" und ersetzt σ durch μ_a nach der Formel:

$$\mu_a = \frac{\Sigma \Delta''}{K}$$

wobei

$\Sigma \Delta''$ — die Summe der 2. Differenzen, die aus benachbarten Werten berechnet werden

K — die Anzahl der 2. Differenzen

Der Rechengang ist aus Tab. 3 und 4 zu ersehen. Nachdem KASAKOWSKIJ für die absoluten Schwankungen μ_a errechnet hat, ersetzt er den Variationskoeffizienten V durch μ nach der Formel:

$$\mu = \frac{\mu_a}{M}$$

wobei M — der Mittelwert ist.

Bei Anwendung dieses Vorschlages ergibt sich bei der linearen Veränderung der Abb. 5 für μ Null und für die regellose Veränderung 2,33.

Auf die Schwächen beider Vorschläge (V und μ) in ihrer Anwendung auf Erkundungsdaten wurde nicht selten hingewiesen. Die Berechnung des Variationskoeffizienten V gibt bei partieller gesetzmäßiger Veränderlichkeit (selbst wenn nur auf einzelnen Abschnitten) überhöhte Werte. Sein Wert wird bei Lagerstätten auch wesentlich durch die Zahl der vorliegenden Werte beeinflußt usw.

Auch der Koeffizient μ KASAKOWSKIJs kann — selbst bei gesetzmäßigen Veränderungen — nicht akzeptiert werden, weil die Entfernung zwischen den Beobachtungspunkten völlig unberücksichtigt bleibt. Es ist je doch nicht unwesentlich, ob eine bestimmte Veränderung auf 50 m oder 500 m Entfernung beobachtet wird.

Schlußfolgerungen

Ohne sich hier die Aufgabe zu stellen, eine konkrete Lösung für die diskutierten Probleme vorzuschlagen, dürften die angeführten Beispiele zur Genüge beweisen, daß die Anwendung mathematischer Verfahren auf die geologische Erkundung nicht in gedankenloser Übernahme vorhandener Methoden und Formeln bestehen darf. Zu oft wird übersehen, daß eine mathematische Formel nur eine Verallgemeinerung unzähliger konkreter Beziehungen und nur richtig und anwendbar ist, wenn die Prämissen, das mathematisch ausgedrückte Gleichartige aller dieser Beziehungen, auch im betrachteten Falle gegeben sind. Die Ausarbeitung einer geologischen Wahrscheinlichkeitstheorie ist noch zu vollbringen (STAMMBERGER 1958b).

Die Anwendung der erwähnten Formeln aus der mathematischen Statistik ist nur dann möglich, wenn folgende Bedingungen erfüllt sind:

a) das statistische Material muß ausreichend zahlreich sein;

b) die Einzelwerte müssen eindeutig bestimmt, gleichartig gemessen sein;

c) die Einzelwerte müssen zufällig erhalten, d. h., nicht subjektiv ausgewählt, und unabhängig (d. h. einander nicht beeinflussend) in der Natur vorhanden sein.

Kurz, die mathematische Statistik setzt stochastisch unabhängige Größen voraus. Ist diese Voraussetzung nicht erfüllt, müssen dieser Umstand und sein Einfluß sorgfältig beachtet werden (s. STAMMBERGER 1958).

Zusammenfassung

Verf. untersucht den Einfluß des Veränderlichkeitstyps von Mineralkörpern auf die Mittelbildung sowie auf die Extrapolation und Interpolation. Dabei werden zunächst die Veränderlichkeitstypen von Mineralkörpern erörtert und die Eignung statistischer Methoden bei der Lösung von Erkundungsproblemen behandelt. Die Anwendung mathematischer Verfahren auf die geologische Erkundung wird bejaht. Die Bedingungen der Anwendung der mathematischen Statistik werden aufgezählt, wobei betont wird, daß die Ausarbeitung einer geologischen Wahrscheinlichkeitstheorie noch zu vollbringen ist.

Резюме

Автор исследует влияние типа изменчивости минеральных тел на определение средних, а также на экстраполяцию и интерполяцию. При этом сперва обсуждаются типы изменчивости минеральных тел; освещается пригодность статистических методов для решения вопросов геологической разведки. Поддерживается применение математических способов для геологической разведки. Перечисляются условия, необходимые для использования математической статистики; при этом подчеркивается, что разработка геологической теории вероятности еще предстоит.

Summary

The author investigates the influence of the type of variability of mineral bodies on the formation of the mean value as well as on extrapolation and interpolation. First of all, he discusses the types of variability of mineral bodies and deals with the suitability of statistical methods for the solution of reconnaissance problems. The application of mathematical methods to geological reconnaissance is affirmed. The conditions of the application of mathematical statistics are specified, and it is emphasized that the elaboration of a geological theory of probabilities is still to be accomplished.

Literatur

GOTTE, W.: Zur Diskussion über den besten Mittelwert für geologische Erkundungsdaten. — Z. angew. Geol., 4, Berlin 1959.

KASAKOWSKIJ, D. A.: Einschätzung der Genauigkeit der Ergebnisse bei der Geometrisierung und Vorratsberechnung der Lagerstätten. — Moskau 1948 (russisch).

SENKOW, D. A.: Die vier Typen der Veränderlichkeit von Erzkörpern. — Z. angew. Geol., 2/3, 1957.

SMIRNOW, W. I.: Geologische Grundlagen für das Aufsuchen und Erkunden von Erzlagerstätten. — Moskau 1957 (russisch).

STAMMBERGER, F.: Zur Verteilung der Gehalte in Lagerstätten und zu den Charakteristiken der Verteilung. — Z. angew. Geol., 8/9, 1957a.

— Die Aussagekraft der Ergebnisse von Bohrungen und bergmännischen Auffahrungen bei geologischen Erkundungen. — Z. angew. Geol., 5/6, Berlin 1957b.

— Zur Diskussion über den „besten" Mittelwert für geologische Erkundungsdaten. — Z. angew. Geol., 1, Berlin 1958a.

— Können Erkundungsdaten die Lagerstättenverhältnisse richtig widerspiegeln? — Bergakademie, H. 2, 1958b.

Die Produktionsergebnisse der Erdöllagerstätte Volkenroda/Thüringen

Zur Bestimmung des Kluftkoeffizienten karbonatischer klüftiger Speicher[1])

D. DREYER, Gommern & N. A. PLOTNIKOW, Grosny

Einleitung

Im Rahmen der vom VEB Erdöl- und Erdgaskombinat, Gommern, durchgeführten geologischen Erkundungsarbeiten wurden in der DDR einige Kohlenwasserstofflagerstätten im Hauptdolomit (Ca2d nach G. RICHTER-BERNBURG 1955) des Zechsteins 2 — Typ Kluftlagerstätten — nachgewiesen.

Zur Berechnung der aus diesen Lagerstätten ausbringbaren Erdöl- oder Erdgasmengen nach der Volumenmethode benötigt man u. a. den Kluftkoeffizienten m, die Öl- bzw. Gassättigung $S_ö$ und den Abgabekoeffizienten Ψ. Die geforderten Parameter können jedoch laborativ nicht bestimmt werden, da das klüftige Speichergestein beim Kernbohren zerbricht und somit die ursprünglichen Lagerstättenverhältnisse nicht mehr festzustellen sind.

In der Praxis kann dieses Problem folgendermaßen gelöst werden: Anhand von Produktionsergebnissen analoger Lagerstätten werden die spezifischen Vorräte V_{sp} (pro m^3 Speichergestein geförderte Öl- und/oder Gasmenge) berechnet. Mit Hilfe von V_{sp} wird der Kluftkoeffizient m ermittelt, der auf die neuzuberechnende Lagerstätte übertragen wird. Für $S_ö$ und Ψ sind Erfahrungswerte zu übernehmen.

[1]) Eingang des Manuskripts in der Redaktion: 14. 12. 1962

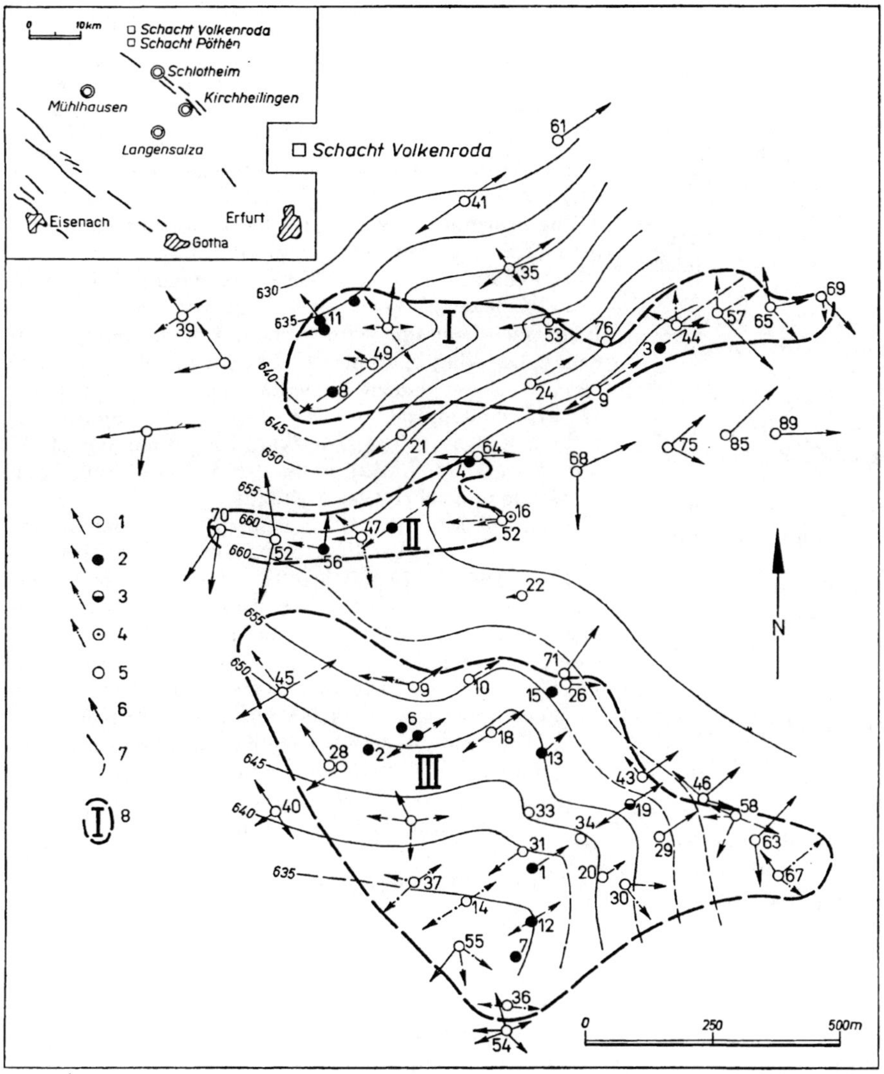

Abb. 1. Erdöllagerstätte Volkenroda.

1 — Bohrung trocken; 2 — Bohrung ölfündig; 3 — Bohrung gasfündig; 4 — Bohrung salzwasserführend; 5 — Saigerbohrung; 6 — Schrägbohrung; 7 — Oberkante Ca2d in Metern unter NN (K. Schwarzer 1959); 8 — entöltes Gebiet

Nachfolgend werden für die seit mehreren Jahren erschöpfte Erdöl-Kluft-Lagerstätte Volkenroda m, $S_ö$ und Ψ' erarbeitet, um Grundlagen zur Berechnung der ausbringbaren Erdöl- und Erdgasvorräte neuerkundeter Kluftlagerstätten der Thüringer Mulde zu schaffen.

Die Erdöllagerstätte Volkenroda

Aus dem Ca 2d im Bereich der Kalischächte Volkenroda—Pöthen (etwa 15 km nordöstlich der Stadt Mühlhausen/Thüringen) setzte im Anschluß an den Erdöl- und Erdgasausbruch von 1930 (R. Schulze 1931) eine bescheidene Erdölproduktion ein. Der 34 bis 64 m mächtige Ca 2d ist ein überwiegend hell- bis dunkelbraunes, z. T. graubraunes, plattiges bis bankiges, im tieferen Teil teilweise reichlich algenführendes Gestein (F. Deubel 1954). In den oberen Partien sind dichte oolithische Lagen eingeschaltet (H. Albrecht 1932). Der nicht oolithisch ausgebildete Dolomit hat ebenfalls ein dichtes Gefüge (F. Deubel 1954). Angaben über laborativ gemessene kommunizierende Porosität liegen nicht vor, jedoch wurden an in ihrer Ausbildung dem Volkenrodaer Ca 2d entsprechenden Proben von der Struktur Kirchheilingen—Allmenhausen Porositätswerte um bzw. unter 1% festgestellt, so daß man für den Volkenrodaer Hauptdolomit gleichfalls eine kommunizierende Porosität um 1% annehmen kann. Die Speicherfähigkeit des Ca 2d beruht also nicht auf kommunizierender Porosität, sondern ist allein durch die Klüftigkeit bedingt. F. Deubel (1954, S. 807) bemerkt dazu: „Der Hauptdolomit wird von zahlreichen, meist steilstehenden, teils herzyn, teils rheinisch streichenden Klüften durchzogen.“ Im Gegensatz zu F. Deubel (1954, S. 808), der die Ansicht vertritt, „... daß infolge zunehmenden Abbaudruckes — die Baue waren vor der Erschließung der Erdöllagerstätte im wesentlichen unversetzt — das Gefüge des Hauptdolomits gelockert wurde und daß sich dabei namentlich die rheinisch streichenden Zerrspalten ± geöffnet haben“, ist W. Karpe (1959, S. 425) der Meinung, daß „nicht durch den Abbau gestörte statische Bedingungen des Grubenfeldes, sondern echte tektonische Vorgänge“ die Bildung der Lagerstätte ermöglichten. Ihm kann zugestimmt werden, da inzwischen in der nahe gelegenen Struktur Kirchheilingen—Allmenhausen im Ca 2d ähnliche Verhältnisse nachgewiesen wurden.

Die Erdölproduktion Volkenrodas begann 1930. Der Ca 2d wurde durch mehr als 200 Untertagebohrungen aufgeschlossen. Von einem Ansatzpunkt aus wurden häufig eine Saiger- und mehrere um 45° geneigte Schrägbohrungen abgeteuft. Gefördert wurde aus etwa 50 Sonden, deren Anfangsproduktion in der Regel gut war (im Durchschnitt um 50 m³/Tag), jedoch in den meisten Fällen schnell abnahm. Die höchste Förderung hatte die Sonde 3a mit einer Ölabgabe von 290 m³/Tag (freie Fördermenge bei 66 mm Bohrlochdurchmesser). Die Gesamtfördermenge V_E der Lagerstätte betrug bis einschließlich 1937 ca. 81140 t Erdöl. Der Benzingehalt des Erdöls lag bei 25%, die Wichte bei 0,836 p/cm³. Das GÖV betrug 1931 im Durchschnitt 200 bis 250 : 1. Das anfallende Erdgas hatte folgende Zusammensetzung (in Vol.-%):

Methan	54,5	Pentan	2,2
Äthan	12,4	Stickstoff	18,0
Propan	9,0	CO_2	0,1
Butan	3,7	O_2	0,1

Der untere Heizwert wurde mit 10373 kcal/m³ bestimmt. Der ursprüngliche Schichtdruck betrug 100 bis 110 atü. Anzeichen von aktivem Rand- oder Sohlenwasser waren während der Förderung nicht festzustellen. Die Entölung des Speichers erfolgte durch Gasexpansion (hohes GÖV des geförderten Erdöls). Für Kluftlagerstätten, deren Energie durch die Expansion des Gases bedingt ist, sind hohe Anfangsförderraten einiger günstig stehender Sonden bzw. des gesamten Lagers, jedoch ein schnelles Abnehmen der Fördermengen nach relativ kurzer Exploitationszeit charakteristisch. Zum Beispiel hatte die Kluftlagerstätte Kinsebulatowo (Baschkirien) anfangs eine sehr gute Förderkapazität, die jedoch schnell absank (N. A. Plotnikow 1961). In Volkenroda wurden bereits in den ersten vier Jahren ca. 77970 t Erdöl produziert, also ca. 96% der bis 1937 geförderten Menge. Davon entfallen allein 51530 t Erdöl auf das Jahr 1931 (vgl. Abb. 2).

Durch die Klüftigkeit war die sehr unterschiedliche Ölführung des Volkenrodaer Ca2d bedingt. So erhielt man z. B. in der Bohrung Nr. 52 folgende Ergebnisse (vgl. Abb. 1): Die Saigerbohrung war trocken, und von den drei Schrägbohrungen brachte eine Erdöl, eine Erdgas und eine Lagerstättenwasser. In einem porösen Speicher sind solche unterschiedlichen Ergebnisse auf so kleinem Raum, wie er von der Bohrung Nr. 52 aufgeschlossen wurde, nicht möglich, in einem Kluftspeicher jedoch nicht ungewöhnlich.

Bestimmung der Parameter

Voraussetzung zur Ermittlung der spezifischen Vorräte V_{sp} ist die Kenntnis von V_{ge} (Volumen des entölten Gesteines in m³) und V_e (Volumen des geförderten Erdöls unter Lagerstättenbedingungen in m³).

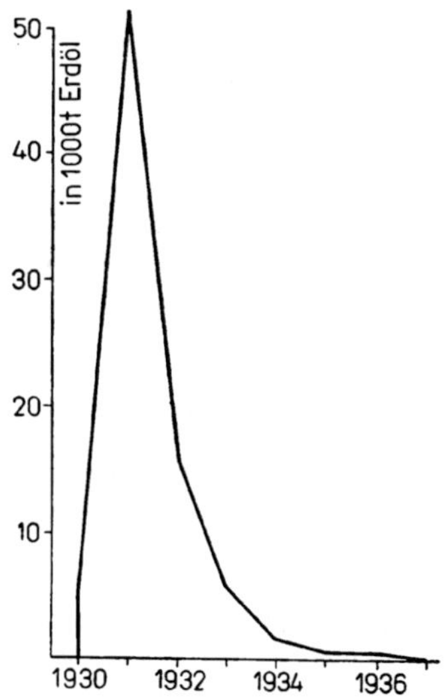

Abb. 2. Förderkurve der Erdöllagerstätte Volkenroda

Das Volumen des entölten Gesteins V_{ge} wurde anhand der Karte (Abb. 1) bestimmt. Auf dieser Strukturkarte des Ca2d sind drei Gebiete mit den ölfördernden Sonden, die an Bereiche erhöhter Klüftigkeit gebunden sind (W. Karpe 1959) umgrenzt worden. Die folgende Tabelle enthält die Flächen und das Volumen des Speichers;

Gebiet	I	II	III
Fläche (m²)	$176 \cdot 10^3$	$64 \cdot 10^3$	$472{,}5 \cdot 10^3$
Mächtigkeit (m)	55	50	40
Volumen des Speichers (m³)	$9{,}68 \cdot 10^6$	$3{,}2 \cdot 10^6$	$18{,}9 \cdot 10^6$

Das Gesamtvolumen des entölten Gesteins V_{ge} beträgt $31{,}78 \cdot 10^6$ m³.

Zur Bestimmung von V_e ist der Volumenkoeffizient β (er sagt aus, um wieviel sich ein m³ Tanköl unter Lagerstättenbedingungen vergrößert) notwendig. Ein laborativ gemessener Wert für β liegt vom Volkenrodaer Erdöl nicht vor und wird deshalb anhand der vorhandenen Unterlagen ermittelt: Bei einem GÖV von 200 bis 250 : 1 und einem Lagerstättendruck von 100 bis 110 atü können pro m³ Erdöl ($\gamma = 0{,}836$ p/cm³) ca. 100 m³ Erdgas gelöst sein (vgl. Diagramm bei M. A. Shdanow 1959, S. 212), unter der Voraussetzung, daß im Gas kein Stickstoff enthalten ist.

Stickstoff setzt die Gaslöslichkeit wesentlich herab. E. J. Suchankin (bei M. A. Shdanow 1959) stellte fest, daß im Erdöl der Lagerstätte Tuimasy (Baschkirien) das N_2-freie Gas mit 94 m³ pro m³ Erdöl gelöst wurde, jedoch durch Stickstoff auf 50 m³ pro m³ Erdöl herabgesetzt worden ist. Das Tuimasyer Gas enthält ca. 12,2% N_2 (N. A. Jeremenko 1960). In Analogie zu Tuimasy kann für Volkenroda, dessen Erdgas etwa 18% N_2 enthält, ebenfalls eine 50prozentige Verminderung der Gaslöslichkeit angenommen werden. Mit einem Gasgehalt von 50 m³ pro m³ Erdöl und bei einer Lagerstättentemperatur von 34 °C (analog zur Lagerstätte Kirchheilingen) ergibt sich für Volkenroda β mit 1,15 (zur Ermittlung von β vgl. M. A. Shdanow 1959, S. 212). Dann ist

$$V_e = \frac{V_E \cdot \beta}{\gamma} = \frac{81140 \cdot 1{,}15}{0{,}836} = 111616 \text{ m}^3$$

Mit $V_{ge} = 31{,}78 \cdot 10^6$ m³ und $V_e = 111616$ m³ können die spezifischen Vorräte berechnet werden:

$$V_{sp} = \frac{V_e}{V_{ge}} = \frac{111616}{31{,}78 \cdot 10^6} = 0{,}0035$$

d. h., pro m³ entöltes Speichergestein wurden ca. 3,5 l (unter Lagerstättenbedingungen) Erdöl gefördert. Da zwischen einem granularen und einem Kluftspeicher physikalisch keine prinzipiellen Unterschiede bestehen, wird m für Volkenroda nach der Methode für granulare Speicher bestimmt. Die Formel lautet:

$$m = \frac{V_{sp}}{S_ö \cdot \Psi}$$

Die spez. Vorräte wurden bereits ausgewiesen. Die Ölsättigung beträgt für einen karbonatischen Kluftspeicher bei einer Permeabilität von ca. 100 md etwa 90% (M. A. Shdanow 1959). Da eine Durchlässigkeit von 100 md in den klüftigen Bereichen des Ca2d mit Sicherheit anzunehmen ist, wahrscheinlich jedoch noch höher gewesen sein wird, kann für Volkenroda $S_ö$ mit 0,9 eingesetzt werden. Den Abgabekoeffizienten Ψ beeinflussen vor allem das Lagerstättenregime und die Permeabilität des Speichergesteins. Das Lagerstättenregime wurde als Gasentlösungstrieb charakterisiert. Der Abgabekoeffizient beträgt dann etwa 0,4 (M. A. Shdanow 1959). Für Lagerstätten vom Typ Volkenroda mit

Wassertrieb gibt M. A. SHDANOW (1959) ein Ψ' von 0,8 an. Um die möglichen Grenzwerte festzustellen, wird mit den Daten für Volkenroda der Kluftkoeffizient m einmal für Gasentlösungstrieb, zum anderen für Wassertrieb berechnet:

$$m_1 = \frac{0{,}0035}{0{,}9 \cdot 0{,}4} = 0{,}00972, \quad m_2 = \frac{0{,}0035}{0{,}9 \cdot 0{,}8} = 0{,}00468,$$

d. h., um die Volkenrodaer Fördermenge zu erhalten, ist bei Gasentlösungstrieb eine Klüftigkeit von 0,97%, bei Wassertrieb eine Klüftigkeit von 0,48% erforderlich.

Mit den für Volkenroda bestimmten Klüftigkeitswerten wurden Richtgrößen als Grundlage zur Einschätzung bzw. zur Vorratsberechnung neuerkundeter analoger Lagerstätten erarbeitet. Die Werte von 0,5 bzw. 1% Klüftigkeit entsprechen recht gut den bekannten Angaben aus karbonatischen Kluftspeichern. In den Arbeiten von N. A. PLOTNIKOW (1961) und A. A. TROFIMUK (1961) werden für diese Speichertypen ebenfalls ca. 0,5 bis 1% Kluftvolumen angegeben. Es muß jedoch darauf hingewiesen werden, daß vor Übernahme der Klüftigkeitswerte von 0,5 bzw. 1% vorher genau alle geologischen und lagerstättenkundlichen Besonderheiten der Lagerstätte zu untersuchen sind, um festzustellen, ob die Verwendung dieses Kluftkoeffizienten berechtigt ist. Aus Sicherheitsgründen empfiehlt es sich, bei einer ersten Einschätzung nur mit 0,5% zu rechnen.

Zusammenfassung

Um nach der Volumenmethode feststellen zu können, mit welchen Fördermengen aus an karbonatische Kluftspeicher gebundene Kohlenwasserstofflagerstätten zu rechnen ist, sind der Kluftkoeffizient m, die Öl- bzw. Gassättigung $S_ö$ und der Abgabekoeffizient Ψ' notwendig. Da diese geforderten Kennwerte laborativ nicht meßbar sind, wurden sie anhand der Produktionsergebnisse der Erdöllagerstätte Volkenroda sowie mit Hilfe von Erfahrungswerten analoger Lagerstätten bestimmt.

Literatur

ALBRECHT, H.: Das Erdölvorkommen von Volkenroda. – Z. Kali usw., **26**, H. 3, S. 25–33, Halle 1932.

DEUBEL, F.: Über das Vorkommen von Erdöl und Erdgas in Thüringen. – Jena 1949 (unveröff.).

– Betrachtungen über das Auftreten von Erdöl und Erdgas im Zechstein des Thüringer Beckens. – Geologie, **3**, S. 804–831, Berlin 1954.

JEREMENKO, N. A.: „Erdölgeologie“, Bd. I. – Gostoptechisdat, Moskau 1960 (russ.).

KARPE, W.: Ein Beitrag zur Kenntnis der Erdöllagerstätte Volkenroda. – Z. angew. Geol., **5**, H. 10, S. 422–425, Berlin 1959.

PLOTNIKOW, N. A.: Über die Speichereigenschaften der Oberkreide-Kalke auf dem Vorkommen Karabulak-Atschaluki, „Neue Materialien über die Erdöl- und Erdgasführung des Kaukasus“. – GOSINTI, Nr. 1, 1961 (russ.).

RICHTER-BERNBURG, G.: Stratigraphische Gliederung des deutschen Zechsteins. – Z. D. G. G., **105**, S. 843–854, Hannover 1955.

SCHULZE, R.: Bericht über den schweren Betriebsunfall am 2. Juni 1930 auf dem Kaliwerk Volkenroda. – Kali usw., **25**, S. 5, Halle 1931.

SCHWARZER, K.: Unterlagen über Erdöl und Erdgasvorkommen in den Kaligruben Volkenroda–Pöthen. – Berlin, 19. 3. 59.

SHDANOW, M. A., u. a.: Berechnung von Erdöl- und Erdgaslagerstätten. – Gostoptechisdat, Moskau 1959 (russ.).

TROFIMUK, A. A.: Über die Frage der Einschätzung des Kluftvolumens klüftiger Speicher. – Neftjanoje Chosjaistwo, Nr. 7, 1955 (russ.).

– Über die Bestimmung des Kluftvolumens in klüftigen Speichern anhand von Förderdaten, „Arbeiten der Unionsberatung über klüftige Erdöl- und Erdgasspeicher“. – Gostoptechisdat, S. 15–22, Moskau 1961 (russ.).

Anonym: a) Förderung der Erdölschächte in Volkenroda (Thüringen) in den Monaten Januar bis August 1931. – Petroleum, **28**, S. 7, 1932 (Erdölchronik und Statistik V). b) Die Erdölproduktion in Thüringen im Jahre 1932. – Petroleum, **28**, H. 35, S. 18, 1932. c) Entwicklung der Erdölgewinnung Deutschlands 1935 (Erdölförderung in Thüringen/Volkenroda). – Öl und Kohle, **32**, S. 116, Berlin 1936.

Unterlagen aus dem Geolog. Archiv der VVB Erdöl und Erdgas, Gommern.

Die Eigenschaften erdölführender Karbonatspeicher des Paläogens von Fergana[1]

W. I. DANSCHEW & W. W. OLCHA, UdSSR

Bei der petrographischen Untersuchung von Karbonatgesteinen erdölführender Horizonte des Paläogens zahlreicher Gebiete Mittelasiens wurden von uns gleichzeitig eine Reihe physikalischer Eigenschaften bestimmt, u. a. auch die effektive Porosität. Bei der Porositätsbestimmung wurde in etwas abgeänderter Form die von I. A. PREOBRASCHENSKI vorgeschlagene Methode benutzt. Sie beruht auf der Sättigung der Gesteine durch Flüssigkeiten.

Wie allgemein bekannt, ist die effektive Porosität eine der wichtigsten Größen, welche die Speichereigenschaften erdölführender Horizonte charakterisieren. Wenn für klastische Sedimente die Abhängigkeit der Porosität von den strukturellen Besonderheiten und von der Textur durch viele Wissenschaftler untersucht wurde, so wurden ähnliche Untersuchungen für karbonatische Gesteine in weit geringerem Umfange durchgeführt.

In der vorliegenden Arbeit werden die Ergebnisse der Bestimmungen effektiver Porosität von 275 Proben karbonatischer Gesteine dargestellt. Bei diesen Proben handelt es sich um Material von erdölführenden Horizonten des Paläogens von Fergana. Als Untersuchungsmaterial wurden systematisch Profile paläogener karbonatischer Horizonte, vorwiegend von den Erdölfeldern, die an der nördlichen Flanke des Tales liegen, genommen.

Die mikroskopische Bearbeitung dieser Gesteine zeigte, daß man sie nach ihren mikrostrukturellen Besonderheiten in folgende Hauptgruppen gliedern kann:

1. Kalksteine mit einer Oolithstruktur treten am häufigsten unter den paläogenen karbonatischen Gesteinen auf mit einem Anteil von 50—60% der Gesamtmenge. Sie bestehen aus gerundeten oder ovalen Ooiden mit klar ausgeprägtem konzentrischem und weniger deutlichem radialstrahligem Bau. Die Größe der Ooide schwankt von 03,—0,8 mm. Sie sind in der Regel mit einem kristallinen kalzitischen Zement verfestigt.

2. Organogene Kalksteine, die aus Bruchstücken und gut erhaltenen Schalen von kleinen Gastropoden, Pelecypoden, Foraminiferen, Echinodermen, Bryozoen und Wasserpflanzen bestehen. Die organischen Reste sind gewöhnlich durch kristallinen kalzitischen Zement verfestigt. Einzelne Muschelschalen sind hin und wieder mit grobkristallinem Kalzit oder tonig-karbonatischem Material ausgefüllt. In einigen Fällen treten kleine Pyritkristalle auf.

Zwischen den beiden Gruppen — oolithisch und organogen — besteht ein Übergangsbereich: organogen-oolithische und oolithisch-organoge Kalksteine.

---

[1]) Aus: Geologija nefti i gasa, Heft 3, 1960.
Übers.: K. GOLDBECHER

In der Tabelle sind sie in Abhängigkeit von den enthaltenen Komponenten entweder zur Gruppe der oolithischen oder der organogenen Kalksteine gestellt.

3. Weniger verbreitet sind die karbonatischen Gesteine mit kristalliner Struktur, bestehend aus organischen Resten. Die Mehrzahl von ihnen gehört zu den Dolomiten. Die Kalksteine spielen nur eine untergeordnete Rolle. Bei den Dolomiten kann man dünnschichtige pelitomorphe, kryptokristalline und mesokristalline unterscheiden. Für die letzteren ist eine zonale Anordnung und, dadurch bedingt, eine rhomboedrische Struktur charakteristisch.

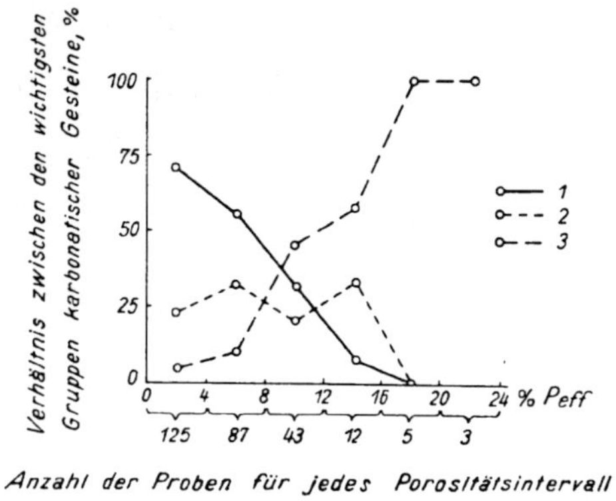

Abb. Veränderung der effektiven Porosität (P_{eff}) in den wichtigsten petrographischen Varianten der karbonatischen Gesteine

1 – oolithisch (+ organogen-oolithisch), 2 – organogen (+ oolithisch-organogen), 3 – kristallin

Die effektive Porosität der aufgezählten petrographischen Varianten karbonatischer Gesteine schwankt zwischen 0,9 und 22%. Es wurde hierbei noch eine bestimmte Abhängigkeit der Porosität von den mikrostrukturellen Besonderheiten der Gesteine beobachtet. Der Charakter dieser Abhängigkeit ist aus der Abbildung ersichtlich. Zur Darstellung wurden die in der Tabelle angeführten Zahlen benutzt. In der Tabelle sind die untersuchten Proben zu einzelnen Gruppen zusammengefaßt.

Petrograph.[2]) Varianten der karbonat. Gesteine	Intervalle P_{eff}					
	0–4%	4–8%	8–12%	12–16%	16–20%	20–24%
Oolithische (+ organogen-oolith.)	89/71,2	49/56,4	14/32,5	1/8,3	–	–
Organogene (+ oolithisch-organogene)	30/24,0	29/33,3	9/20,9	4/33,3	–	–
Kristalline	6/4,8	9/10,3	20/46,5	7/58,4	5/100	3/100
Insgesamt	125/100	87/100	43/100	12/100	5/100	3/100

Zur ersten Gruppe mit einer Porosität bis zu 4% gehören 125 Proben, zur zweiten Gruppe mit einer Porosität von 4–8% 87 Proben, zur dritten Gruppe mit einer Porosität von 8–12% 43 Proben usw. Innerhalb jeder Gruppe wurde ausgehalten, wieviel Prozent der Proben auf jede der ausgeschiedenen petrographischen Varianten kommen. Die Abbildung gestattet folgende Schlußfolgerungen:

1. Die geringste effektive Porosität bewirken die oolithischen Gesteinsvarianten. Die Mehrzahl dieser Proben gehören zu den Porositätsintervallen bis zu 4% und bis zu 8%. Mit dem Steigen der effektiven Porosität (P_{eff}) ist ein starkes Abfallen der Kurve, die diese petrographische Besonderheit charakterisiert, zu beobachten.

2. Die kristallinen Varianten der karbonatischen Gesteine, die vorwiegend in den Dolomiten auftreten, weisen eine maximale Porosität auf. In einzelnen Proben werden Werte bis zu 22% erreicht. Die Kurve dieser Gruppe von Gesteinen steigt stark an.

3. Eine Zwischenstellung nehmen die Gesteine mit einer organogenen Struktur ein. Die maximale Porosität schwankt zwischen 4 und 16%.

[2]) In den einzelnen Spalten stellt die erste Zahl die Anzahl der Proben und die zweite den Anteil in Prozenten jeder petrographischen Variante innerhalb der Gruppe dar, die im gegebenen Abschnitt der effektiven Porosität (P_{eff}) entspricht.

Beitrag zur Klärung der Geologie des tieferen Untergrunds im nordwestlichen Thüringer Becken[1])

KURT KAUTER, Berlin

(Mitteilung aus dem Zentralen Geologischen Institut, Berlin)

Der Tiefenlinienplan, den W. HORST (1962b) auf Grund der reflexionsseismischen Messungen im Nordwestteil des Thüringer Beckens, etwa zwischen dem Duen und der Stadt Mühlhausen (Abb. 1), vorlegt, ist geologisch schwer zu deuten. HORST selbst ist sich dessen auch voll bewußt und bemerkt in den Erläuterungen ohne Angabe näherer Einzelheiten, daß der Isohypsenverlauf den Einfluß verschiedener tektonischer Richtungen widerspiegelt.

Was im Tiefenlinienplan zum Ausdruck kommt, ist die Lage eines Reflexionshorizonts, den man dem Hauptdolomit (Zechstein 2) zurechnet, wobei allerdings auch die Möglichkeit offengelassen wird, daß der Hauptanhydrit des Zechsteins 3 als solcher angesprochen werden kann. Bedauerlicherweise gibt es außer drei Punkten in den seismischen Profilen aus diesem Gebiet keinerlei Angaben über den tieferen Untergrund, wenigstens über die Lage der Zechsteinbasis. Vielleicht wäre es bei bessern Meßergebnissen möglich, auf dieser Grundlage einige wesentliche Erkenntnisse zu sammeln, die über die Ursache der Unklarheit genauere Auskunft geben könnten.

Was die Deutung erschwert, ist sowohl der Verlauf der Isohypsen wie vor allem auch die Richtung und das Einfallen der Sattel- und Muldenachsen. Vom Mittelteil des Thüringer Beckens ist eine wenig komplizierte Tektonik bekannt: einander ablösende Sättel und Mulden, Systeme von Störungen und schmalen Gräben, alles entsprechend dem saxonischen Bewegungsbild fast geradlinig in NW–SE-Richtung angeordnet. Aus-

[1]) Eingang des Manuskripts in der Redaktion: 8. 10. 1962.

gesprochene Querelemente sind zwar vorhanden, spielen aber nur eine sehr untergeordnete Rolle (Abb. 2).

Der vorliegende Tiefenlinienplan bedeckt ein Gebiet, in dem die das Thüringer Becken aufbauenden Schichten emporsteigen. Der Muschelkalk wird hier zum landschaftsgestaltenden Element, gegenüber dem Keuper, der die Beckenmitte ausfüllt. Es war zu erwarten und wurde durch die Seismik bestätigt, daß auch der Zechstein hier emporsteigt. Der gesamte stratigraphisch-tektonische Verband von Trias und Zechstein nimmt an der Aufwärtsbewegung nach NW zu teil mit der Besonderheit, daß die einzelnen Bauelemente des tiefen Beckens hier enden. Die Ebelebener Mulde, der Wattesattel, die Keulaer Mulde, der Schlotheimer Graben (oder was ihn hier vertritt) usw., alle diese aus dem Innern der Mulde bekannten Erscheinungen verlieren hier ihr Gesicht.

Was aber tritt an ihre Stelle? Das eben ist das Neue im tektonischen Bild. Die Streichrichtungen der Sättel und Mulden knicken in diesem Bereich häufig um. Ihre Richtungen sind nicht mehr typisch. Es treten neue Bauelemente auf. Hier sollen nur einige besonders auffallende Erscheinungen genannt werden (Abb. 3).

1. Die Mulden- und Sattelzone nördlich Keula pendelt mit sigmoidaler Krümmung um die W–E-Richtung. Dabei scheint der Sattel in der Mitte zerbrochen zu sein, was nicht nur im Streichen zum Ausdruck kommt, sondern auch im Fallen der Achse: im linken Teil mit 0,8% nach E, im rechten Teil mit 2,4% nach ESE.

2. Knickungen ähnlicher Art mit Änderung der Fallwinkel und Fallrichtungen sind zu beobachten nördlich Sollstedt, östlich Sollstedt und westlich Windeberg. (Einzelheiten sind der Karte Abb. 3 zu entnehmen.)

3. An drei Stellen kommt es zu völlig widersinnigen Bewegungsbildern: einmal südwestlich Windeberg, wo die Forstbergantiklinale senkrecht auf eine auf den Ort Reiser zustrebende Sattel-Mulden-Zone stößt; zum anderen westlich des Ortes Dachrieden, wo eine Antiklinale senkrecht zu einem einheitlichen Sattel-Mulden-Zug bei Reiser verläuft; zum dritten bei Hüpstedt, wo E–W bzw. NE–SW streichende Elemente senkrecht zu einem Sattel-Mulden-Komplex von Sollstedt verlaufen.

Hier ist es nötig, eine Bemerkung zu der Größe der festgestellten Anomalien anzuknüpfen. Nach den Vergleichen der Ergebnisse reflexionsseismischer Messungen mit den Befunden von Tiefbohrungen aus dem Mittelteil des Thüringer Beckens kann man mit einer Fehlergrenze von etwa 20 m rechnen. Es besteht kein Anlaß zu der Annahme, daß sich diese Beobachtung im Randgebiet wesentlich ändert. Unter diesem Gesichtspunkt wurden in vorliegender Skizze nur solche Elemente apostrophiert, deren Charakter einwandfrei oder wenig zweifelhaft erscheint. Selbstredend ist die geophysikalische Vermessung noch viel zu weitmaschig, um größere Details erkennen zu lassen.

Eine Deutung dieser Erscheinungen nach dem im Bericht von HORST vorliegenden Material allein ist nicht möglich. Nimmt man die als Ergebnis vieler Kartierungsarbeiten und Spezialuntersuchungen zusammengestellte „Geologische Strukturkarte der Thüringer Mulde“ (Abb. 4), für die BURRE, DEUBEL, DIETZ, NEUMANN, RICHTER und SCHRÖDER verantwortlich zeichnen, zu Hilfe, so sieht man in diesem Teilgebiet das übliche, mit dem Zentralteil des Beckens übereinstimmende Bild. Die Schichtlinien ordnen sich im großen und ganzen in die NE—SW-Richtung ein. Die Störungen zeigen eine fast einheitliche Streichrichtung von NW nach SE. Nur wenige Bruchzonen fallen aus dem Rahmen, so die Querstörung bei Schlotheim und einige kleine Dislokationen am Südhang des Duen.

Zeichnet man auf Grund dieser Unterlage die Achsen der Sättel und Mulden ein und kennzeichnet die Richtung ihres Eintauchens, so vervollständigt sich das Bild in der obengeschilderten Weise. Deutlich zeichnet sich im Norden die Ebelebener Mulde als ein wichtiges tektonisches Element ab, wobei die Generalrichtung weiter nach SE, nördlich Erfurt, auf den Mittelpunkt des Beckens zuläuft. Eine andere Mulde von mehr lokaler Bedeutung ist die von Altengottern, südöstlich Mühlhausen, auf die ebenfalls von mehreren Seiten die tektonischen Linien hinstreben. Über die Ursachen der durch die Reflexionsseismik beobachteten tektonischen Andersartigkeiten ist aus diesen Unterlagen nichts zu erfahren.

Weitere Möglichkeiten direkter Untersuchung der Ursachen der geschilderten Erscheinung sind nicht gegeben. Noch sind die bisher abgeteuften Bohrungen, vor allem bei Mühlhausen, Keula und im Hainich, viel zu sporadisch und vielfach nicht tief genug, als daß man einwandfreie Schlüsse ziehen könnte. Es verbleiben für die Interpretation nur die weiteren Hilfsmittel der Geophysik, aus deren Ergebnissen vielleicht das eine oder andere über die tiefer liegenden Horizonte gefolgert werden kann.

In einer seinem Zwischenbericht anliegenden Karte verzeichnet CONRAD (1959) die Ergebnisse der jüngsten Gravimetermessungen in diesem Gebiet (Abb. 5). Die dort aufgezeichneten Schweremaxima und Schwereminima sind verschieden zu bewerten und können nicht ohne weiteres gleichgesetzt werden. Ihr Verlauf aber zeigt, daß die gewohnten tektonischen Elemente (Abb. 4) fast völlig verschwunden sind. Lediglich im Bereich des Schlotheimer Grabens und auf den Höhen nördlich von Langensalza kommt die alte NW—SE-Richtung noch einmal in zweitrangigen Achsen zum Ausdruck. Beherrschend aber ist die rheinische bis erzgebirgische Streichrichtung. Östlich von Langensalza, auf unserer Skizze nicht mehr erfaßt, verläuft in dieser Art das bedeutsame Schwerehoch von der Fahnerhöhe nach NNE. Unmittelbar östlich Langensalza zeichnet sich parallel dazu eine ebenso bedeutungsvolle Minusachse ab. Mit etwas steilerer Nordrichtung sind nördlich und südlich Mühlhausen (letzteres von CONRAD „Creuzburger Schwerehoch“ genannt) auffallende Schwereanomalien festzustellen, über deren Verbindung miteinander kein Zweifel besteht. Daran schließt sich weiter nach Westen mit gleichem Streichen das Minimum von Treffurt an.

Lediglich eine einzige, ausgesprochen starke Minusachse östlich von Eisenach (in der Skizze nur noch im Auslaufenden erfaßt) hat herzynisches Streichen und folgt genau dem N-Rand des Thüringer Waldes.

Was kommt hier zum Ausdruck? CONRAD läßt bei seiner Deutung keinen Zweifel daran, daß die geringfügigen Schwereanomalien mit der Ausbildung und Lagerung des Zechsteins, speziell mit den Salzmächtigkeiten, zusammenhängen. Ebensowenig zweifelhaft aber ist die Tatsache, daß sich in den hervortretenden

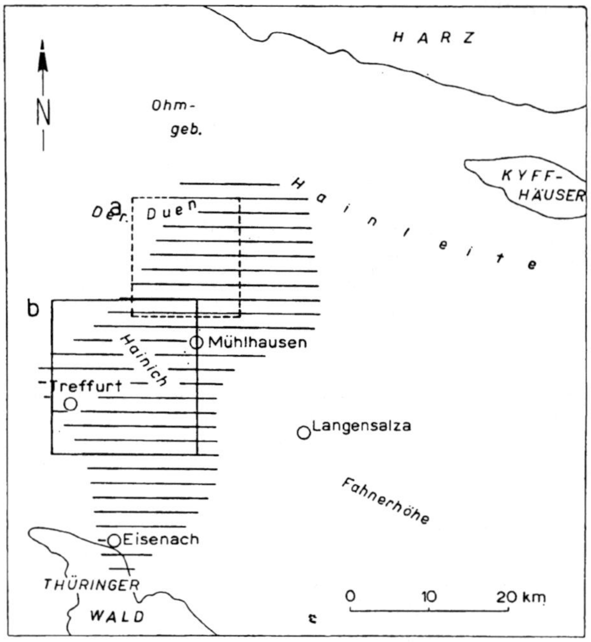

Abb. 1. Lage des Beobachtungsgebiets

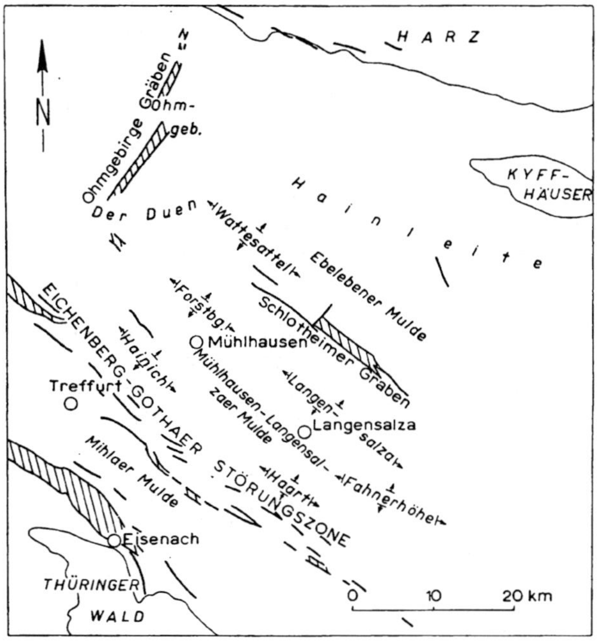

Abb. 2. Einige hervorstechende saxonisch-tektonische Elemente im Beobachtungsgebiet

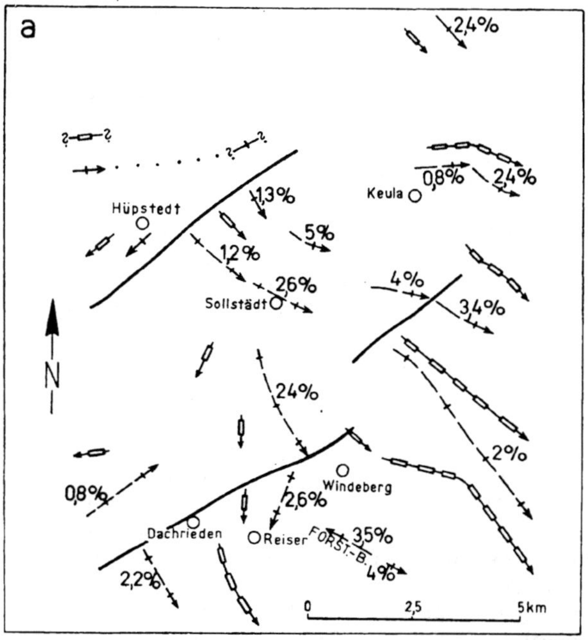

Abb. 3. Tektonische Ergebnisse der Reflexionsseismik im Gebiet Mühlhausen–Keula

Diese Karte entspricht dem in Abb. 1 mit „a" kenntlich gemachten Gebiet.

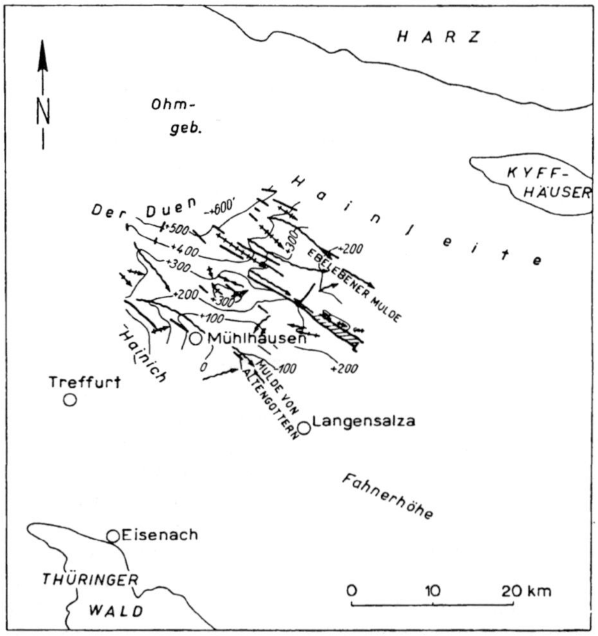

Abb. 4. Auszug aus der „Geologischen Strukturkarte der Thüringer Mulde"

Legende für die Abbildungen 1–8

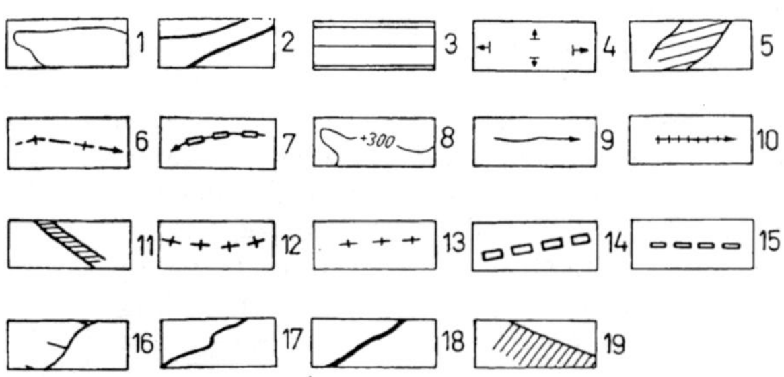

1 – Umrandung der alten Gebirgskerne; 2 – Störungen; 3 – Umriß des Untersuchungsgebiets, 4 – Antiklinalen; 5 – Gräben; 6 – Sattelachsen; 7 – Muldenachsen; 8 – Isophysen; 9 – Muldenachsen; 10 – Sattelachsen; 11 – Gräben; 12 – bedeutende Schweremaxima; 13 – zweitrangige Schweremaxima; 14 – bedeutende Schwereminima; 15 – zweitrangige Schwereminima; 16 – NW-Rand des Saxothuringikums; 17 – varistische Störungszonen; 18 – magnetische Anomalien; 19 – reflexionslose Zonen

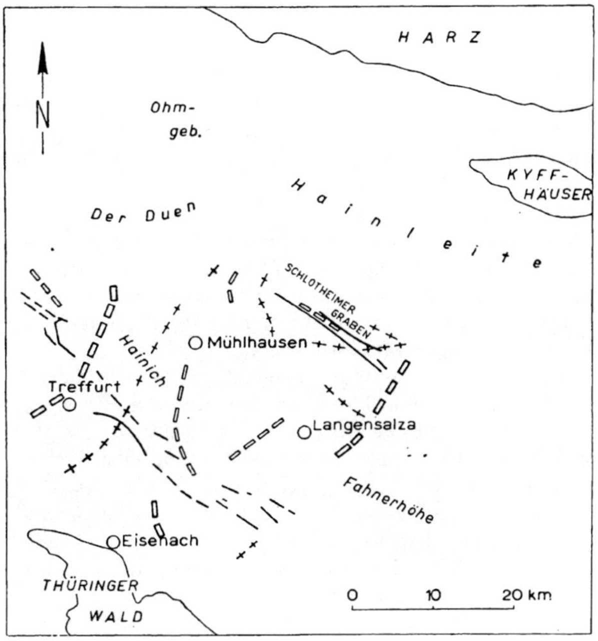

Abb. 5. Ergebnisse der Gravimetermessungen im NW-Teil des Thüringer Beckens

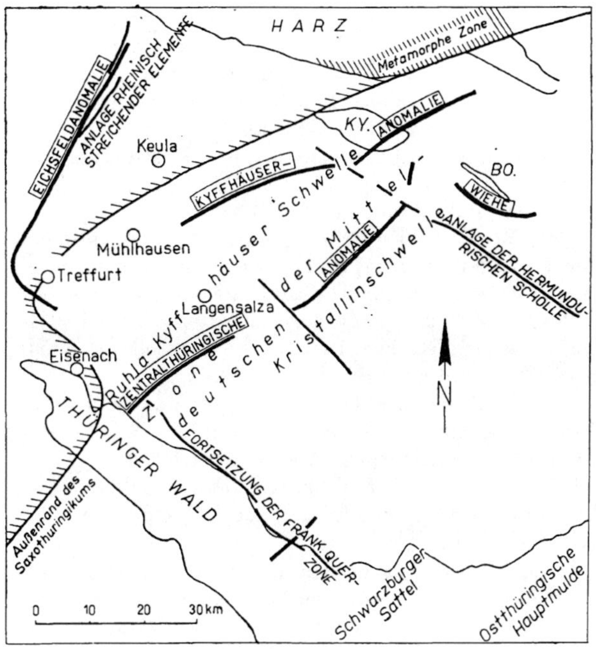

Abb. 6. Einige Grundlinien des varistischen Aufbaus im NW-Teil des Thüringer Beckens

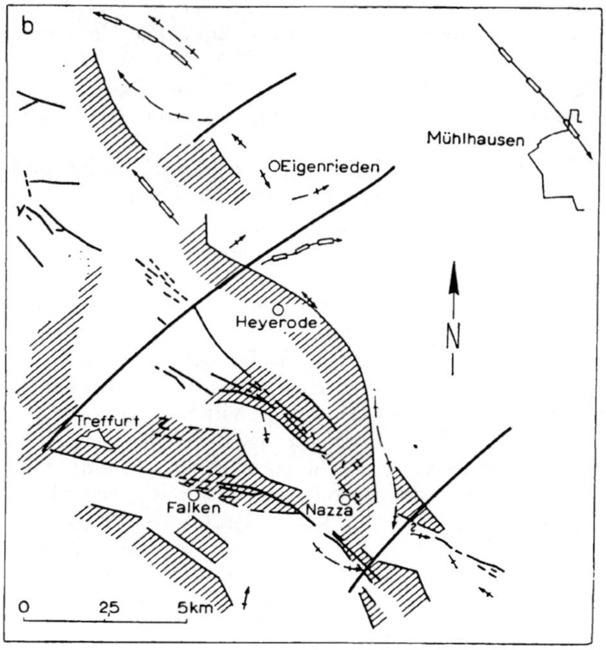

Abb. 7. Tektonische Ergebnisse der Reflexionsseismik im Gebiet Hainich-NW

Diese Karte entspricht dem in Abb. 1 mit „b" kenntlich gemachten Gebiet. Die Unterlagen für die Kartenskizzen wurden teilweise den Arbeiten der genannten Autoren entnommen.

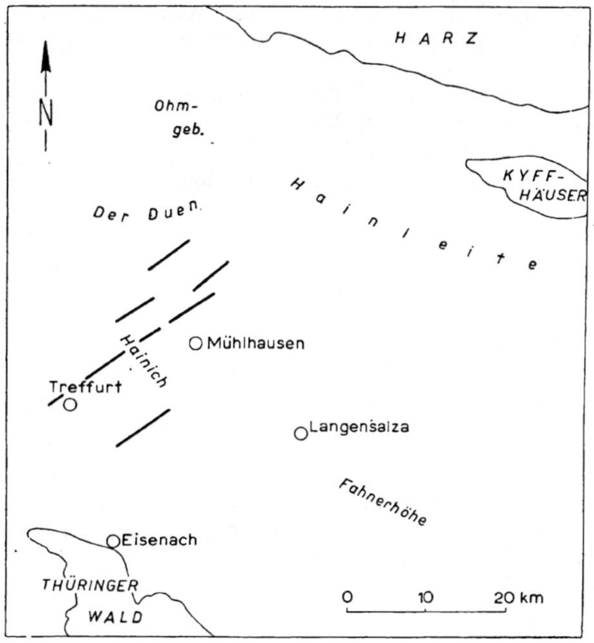

Abb. 8. Zusammenfassung der vermuteten Störungen

Anomalien nicht die Beckenfüllung von Zechstein bis Keuper, sondern die Schwereverteilung von Gesteinen im tiefen Untergrund widerspiegelt.

Wir dürfen also in diesen Maxima und Minima die Anlage des Varistikums wiedererkennen. In der Defizitzone entlang des Thüringer Waldes können wir eines der tektonischen Querelemente im varistischen Bau feststellen (Abb. 6), dessen Fortsetzung in der Frankenwälder Querzone des Thüringer Schiefergebirges zu finden ist.

In der auf unserer Skizze (Abb. 5) nicht mehr dargestellten rheinisch streichenden Zone des Schwerehochs der Fahnerhöhe (östlich von Langensalza), die mit einer noch zu besprechenden starken magnetischen Anomalie deckungsgleich ist, dürfen wir ein Kristallinmassiv vermuten, das als ein Bestandteil der BRINKMANNschen (1948) Mitteldeutschen Kristallinschwelle anzusprechen ist.

In ähnlicher Weise ist auch das Schwerehoch zu deuten, das von Creuzburg aus westlich von Mühlhausen vorbeistreicht (Abb. 5). CONRAD spricht bereits auf Grund mathematisch-physikalischer Überlegungen die Vermutung aus, daß sich überwiegend Gneise am Aufbau dieses Streifens beteiligen. Wir werden später auf diese Deutung zurückkommen.

Die Minima von Langensalza und Treffurt ordnen sich in den Gesamtaufbau ein und kennzeichnen ihrerseits bestimmte Zonen des Varistikums.

Das Resultat der erdmagnetischen Vermessungen von v. ZWERGER (1934) ist bekannt. Eine Wiederholung seiner gründlichen und ausführlichen Interpretation erübrigt sich. Es bleibt uns nur noch vorbehalten, für unseren speziellen Fall dieser Darstellung einige Hinweise zu entnehmen.

Prinzipiell ist der Deutung zuzustimmen, daß in diesen Anomalien kristalline Massive im tieferen Untergrund widergespiegelt werden, wobei die Intensität der Erscheinungen abhängen kann sowohl von der Zusammensetzung der kristallinen Gesteine wie auch von ihrer Tiefenlage.

Danach wird also in den magnetischen Anomalien der Bau des Varistikums deutlich. Die uns insbesondere interessierenden Maxima bezeichnet v. ZWERGER als: Zentralthüringische Anomalie, Kyffhäuseranomalie und Eichsfeldanomalie (Abb. 6). In ihrer Deutung gibt es weitgehende Unterschiede.

a) Die Zentralthüringische Anomalie entspricht einer varistischen kristallinen Zone, deren Anlage vielleicht schon präkambrisch ist. Ein Knick in der Mitte ihrer Längserstreckung ist auffallend und wird als das Ergebnis einer alten Transversalstörung gedeutet.

b) Die Kyffhäuseranomalie gehört einem gleichgearteten varistischen Komplex an, wird aber wohl als „staffelartig angebautes jüngeres Glied der kristallinen Gesamtzone" angesprochen werden müssen. Beide zusammen „geben uns ein Spiegelbild dessen, was man als Spessart—Ruhla—Kyffhäuser-Schwelle zu bezeichnen pflegt".

Auch hier fällt ein Knick in der Längserstreckung auf. Zu seiner Deutung wird man die Lage und den Verlauf der kleinen Anomalie von Wiehe heranziehen müssen. Sie deckt sich mit der Achse der Hermundurischen Scholle und dem Verlauf „des kristallinen Massivs im Untergrund". Diese varistischen Elemente aber streichen senkrecht auf den Kyffhäuser zu, etwa auf die Stelle des Knicks in der Längserstreckung der Kyffhäuseranomalie.

c) Während die genannten Anomalien als genetisch einander zugehörig betrachtet werden müssen und im Prinzip verschiedene Seiten einer tektonischen Einheit darstellen, fällt die Eichsfeldanomalie in vieler Hinsicht aus dem Rahmen. Dies betrifft sowohl ihren eigenartigen Verlauf, der von einer anfänglichen SE—NW-Richtung in die rheinische Richtung umbiegt, als auch ihre ursächliche Deutung.

Wir befinden uns hier am Ostrand der Mittelmeer—Mjösen-Zone, diesem alten Lineament, dessen erste Anlage STILLE bereits in prävaristische Zeit verlegt. Damit wird die Ansicht gestützt, daß in diesen rheinisch ausgerichteten Elementen eine sehr weiträumige typische tektonische Anlage vorliegt. Es ist auffallend, daß diese Anomalie sowohl mit der Achse der Eichsfeldschwelle wie auch mit den Ohmgebirgsgräben zusammenfällt.

Nicht unbeachtet darf aber auch das südliche Umbiegen dieser Anomalie in die herzyne Richtung bleiben. Hierfür scheint nicht allein die andere tektonische Richtung als vielmehr auch die spezielle Stellung im tektonischen Bau entscheidend zu sein.

Wir befinden uns hier in der Zone einer jener auffallenden sigmoidalen Verbiegungen als Ergebnis großer Seitenverschiebungen, die WURM (1929) bereits auf Grund seiner Bearbeitung der Nürnberger Tiefbohrungen feststellte, und die KÖLBEL (1954) generell für diesen Bereich bestätigen konnte.

Gehen wir zur Ausgangsfrage dieser Arbeit zurück, so ist nunmehr deutlich geworden, daß die Schwierigkeiten bei der Auswertung des von HORST vorgelegten seismischen Tiefenlinienplanes allein aus Oberflächenaufschlüssen und aus den Kenntnissen, die aus Bohrungen und Bergwerken im Zechstein gewonnen wurden, nicht behoben werden können. Wir müssen schon dazu übergehen, den tieferen Untergrund in unsere Überlegungen mit einzubeziehen.

Dabei wird man sich mangels der Kenntnisse von Details den Blick für größere Zusammenhänge offenhalten. Unser Gebiet ist jener Teil der Mitteldeutschen Scholle, in deren Untergrund zwei Großzonen des gesamtvaristischen Baus zusammentreffen: das Rhenoherzynikum und das Saxothuringikum. Die Nahtstelle verläuft (Abb. 6) westlich des Thüringer Waldes mit sigmoidaler Verbiegung unmittelbar am Westrand des Kyffhäusers entlang, vorbei am Ostrand des Unterharzes nach ENE.

Für das Saxothuringikum ist es kennzeichnend, daß kein einheitlicher vergneister Unterbau vorliegt, wohl aber einige „moldanubische Splitter" (v. BUBNOFF 1936). Eine algonkische Orogenese ist teilweise bekannt, teilweise wird sie vermutet. Als nördlichster Streifen des Saxothuringikums ist eine hochmetamorphe und durch verschieden alte Magmenintrusionen stabilisierte Zone: Spessart—Ruhla—Kyffhäuser anzusprechen. Wir gehen sicher nicht fehl in der Annahme, in den von v. ZWERGER festgestellten Anomalien — Kyffhäuser und Zentralthüringen — und in den Massen tiefliegender hochmetamorpher Gesteine von CONRAD Stücke dieses Außenrands vor uns zu haben.

Der angrenzende südöstliche Gürtel des Rhenoherzynikums beginnt im Unterharz mit der metamorphen Zone von Wippra, die SCHWAN (1956) in Anlehnung an ähnliche, ältere Deutungen als „Rückstau am südöstlich des Harzes anschließenden, konsolidierten Saxothuringikum der Mitteldeutschen Scholle" bezeichnet. Daß dies keine einmalige und einzigartige Erscheinung ist, wird bewiesen durch das Fortstreichen dieser Zone am Südrand des Rheinischen Schiefergebirges. Deshalb auch kann man annehmen — was einige Bohrungen inzwischen auch zu beweisen scheinen —, daß sich im Untergrund des NW-Teils des Thüringer Beckens eine gleich hochmetamorphe Zone mit wechselnder Breite entlang der Grenze Saxothuringikum/Rhenoherzynikum hinzieht.

Dieser Streifen verliefe demnach unmittelbar östlich des Richelsdorfer Gebirges. Das von WURM erkannte und von KÖLBEL bestätigte sigmoidale Umknicken dieser Zone könnte der Anlaß dafür sein, daß die v. Zwergersche Eichsfeldanomalie an dieser Stelle jene auffällige Verbiegung macht.

Mit dem Rhenoherzynikum nämlich ändert das Gebirge seine Konsistenz. Die mehrfach versteiften Rippen des saxothuringischen Außenrandes treten zurück und machen nach NW hin einer Zone mit bildsamerer Tektonik Platz, bei der stellenweise eine Nordbewegung von Schollen gegeneinander hervortritt (v. Bubnoff 1936), dies um so mehr, je näher man der Mittelmeer—Mjösen-Zone kommt.

Es wäre nun interessant, festzustellen, ob diese Konzeption durch seismische Untersuchungen am Nordwestende des Thüringer Waldes im Gebiet des Hainich ihre Bestätigung findet. Dem Ergebnisbericht von Horst (1962a), der ebenfalls dieses Gebiet reflexionsseismisch untersucht hat, liegt ein Tiefenlinienplan bei (Abb. 7). Er bildet tatsächlich äußerst eigenartige und ungewohnte Dinge ab (wieder berechnet auf denselben Bezugshorizont wie oben).

Das auffallendste ist eine unwahrscheinlich breite reflexionslose Zone. Sie erstreckt sich etwa von Nazza im SE bis zur Staatsgrenze im NW und fast vom Dorf Eigenrieden im NE bis etwa zur Ortschaft Falken. Von SE nach NW nimmt sie fächerförmig an Breite zu, so daß ihr Ende im NW gut dreimal so breit ist wie ihr Beginn im SE.

Entlang dieser reflexionslosen Zone verlaufen die Achsen der Sättel und Mulden. Abgesehen davon, daß man nicht umhin kann, auf Grund der Gesamtanlage des tektonischen Bildes eine an NE—SW streichenden Störungen in mehrere Einzelschollen zerbrochene Einheit anzunehmen, kann man auch hier einige Widersinnigkeiten beobachten, die mit denen aus dem Gebiet nördlich von Mühlhausen übereinstimmen. Zwischen Eigenrieden und Heyerode stoßen tektonische Elemente senkrecht aufeinander, wobei allerdings entsprechend der etwas tieferen Lage im Becken die NW-Richtung im allgemeinen vorherrscht. Vor allem aber ist gewiß, daß noch an keiner anderen Stelle des nordwestlichen Thüringer Beckens eine derartig stark gestörte und im Aufbau undurchsichtige Zone bisher festzustellen war.

Faßt man die Beobachtungen und Überlegungen zusammen, so kann man feststellen, daß in dem eingangs genannten Untersuchungsgebiet im Bezugshorizont des Zechsteins (Hauptdolomit oder Hauptanhydrit) durch die Reflexionsseismik tektonische Elemente aufgedeckt wurden, die nicht mit denjenigen der bekannten Strukturen im Thüringer Becken übereinstimmen. Diese Beobachtung bestätigt sich durch die Ergebnisse der seismischen Untersuchungen im Gebiet Hainich-NW. Eine plausible Erklärung kann aus den bisherigen Kenntnissen über die Lagerung der Trias und des Zechsteins nicht gewonnen werden. Statt dessen ist es höchstwahrscheinlich, daß hier alte Bauelemente des Varistikums durchpausen. Dieser Gebietsstreifen wird im tiefen Untergrund durchzogen von der Grenzzone des Rhenoherzynikums und des Saxothuringikums. Anhaltspunkte hierfür sind sowohl aus Aufschlüssen in den nördlich und südlich angrenzenden Gebirgen wie auch aus den Ergebnissen der magnetischen Vermessungen und der Schweremessung zu gewinnen. Diese Grenzzone war im Varistikum eine stark hervortretende Bewegungslinie, an der das stabilisierte und konsolidierte Saxothuringikum mit dem flexibleren Rhenoherzynikum zusammenstieß. Heute findet man in den überlagernden Schichten auf dem saxothuringischen Sockel eine verhältnismäßig eintönige Lagerungsform (Sättel, Mulden, schmale Gräben und Störungen in NW-Richtung). In der genannten Grenzzone aber zeigt sich in der Lagerung der Deckschichten eine auffallende Unruhe als Ausdruck einer späteren Bewegung, die den alten Bahnen in NE—SW-Richtung folgte, längst nicht mehr so gewaltig in ihren Ausmaßen wie ehemals, aber immerhin noch erkennbar. Über die Zeit der tektonischen Ereignisse kann man im Augenblick keine Aussagen machen. Den Verlauf der anzunehmenden Störungen in diesem Gebiet gibt Abb. 8 wieder.

Abschließend sei noch ein Hinweis auf die Erdöl- und Erdgashöffigkeit im Zechstein dieses Gebiets gegeben, soweit sich diese auf die bereits bekannten Horizonte des Zechsteins bezieht. In dreifacher Hinsicht ist dieser Streifen erdölgeologisch interessant. Einmal kann es in diesen Zonen primärer Heraushebung zur Bildung oolithischer, primär-poröser Karbonatgesteine gekommen sein. Wenn Anhaltspunkte dieser Art vorliegen, sollte man in rheinischer bis erzgebirgischer Richtung die Sucharbeiten fortführen. Zum anderen liegt hier offensichtlich eine Zone starker tektonischer Zerrüttung vor, die die bereits verfestigten Zechsteinkarbonat- und Sulfathorizonte mit beeinflußt hat. Sollten solche Zonen besonders hervortretender tektonischer Beanspruchung angetroffen werden, so erscheint es zweckmäßig, sie in erzgebirgischer Richtung weiterzuverfolgen. Und schließlich stellt dieses Gebiet in doppelter Hinsicht den aufsteigenden Flügel der großangelegten Thüringer Mulde dar: auf alle Fälle tektonisch (Oberkreide—Alttertiär), höchstwahrscheinlich aber auch genetisch in paläogeographischer Sicht. Solche Zonen sind häufig bevorzugte Stellen einer Erdöl- und Erdgasakkumulation.

Alles in allem scheint es wichtig zu sein, die angeschnittene Frage, die hier nur skizzenhaft behandelt werden konnte, einmal gründlich zu untersuchen.

Zusammenfassung

Bei der Beurteilung einiger von der Reflexionsseismik im NW-Teil des Thüringer Beckens festgestellten Abweichungen gegenüber sonstigen Ergebnissen im mittleren Beckenteil glaubt Verf., im Zechstein varistische tektonische Bauelemente nachweisen zu können. Erdölgeologisch werden diese Erkenntnisse skizzenhaft interpretiert.

Резюме

Автор обсуждает некоторые данные, полученные МОВ в северо-западной части Тюрингенского бассейна; эти данные показывают отклонения от данных, полученных в средней части бассейна. Автор предполагает, что он в состоянии доказать в северо-западной части бассейна варисцийские тектонические структурные элементы в цехштейне. Эти познания кратко обсуждаются в нефтегеологическом отношении.

Summary

When considering some differences determined by seismic reflection in the northwestern part of the Thuringian basin, the author believes that compared to other results from the central part of the basin he can demonstrate Hercynian tectonic elements in the Zechstein. This knowledge is interpreted in outline with reference to petroleum geology.

Literatur

BRINKMANN, R.: Abriß der Geologie II. – Stuttgart 1959.
– Die Mitteldeutsche Schwelle. – Geolog. Rundsch., 39, 56–65, Stutt gart 1948.
BUBNOFF, S. v.: Geologie von Europa. – II/3, Berlin 1936.
CONRAD, W.: Zwischenbericht über Gravimetermessungen im Thüringer Becken. – VEB Geophysik, Leipzig 1959.
DEUBEL, F.: Orogenetische und magmatische Vorgänge im Paläozoikum Thüringens. – Beitr. z. Geol. v. Thüringen, I, Jena 1927–1928.
– Erläuterung zur geologischen Karte des Erdölgebietes Volkenroda-Pöthen nebst Mühlhäuser Hardt und Forstberg. – Thür. Geol. Landesunters., Jena 1931.
GAERTNER, H. R. v.: Erwägungen über präpermische Gebirgszusammenhänge in der Umgebung und im Untergrund von Norddeutschland. – Geol. Jb., 64, 123–158, Hannover–Celle 1950.
– Problem des Saxothuringikums. – Geol. Jb., 65, 409–450, Hannover–Celle 1951.
HORST, W.: Ergebnisbericht über reflexionsseismische Untersuchungen im Gebiet Hainich-NW. – VEB Geophysik, Leipzig 1962a.
– Ergebnisbericht über reflexionsseismische Erkundung Mühlhausen–Keula. – VEB Geophysik, Leipzig 1962b.
KNIEG, N.: Zur Tektonik des westlichen Schlotheimer Grabens. – Abh. dtsch. Akad. Wiss., Kl. Chem., Geol., Biol., 6, Berlin 1956.
KNOBLOCH, H.: Abschlußbericht über reflexionsseismische Untersuchungen im Gebiet Mühlhausen. – VEB Geophysik, Leipzig 1960.
KÖLBEL, H.: Große Seitenverschiebungen und Horizontalflexuren im deutschen Grundgebirge und ihre lagerstättenkundliche Bedeutung. – Geologie, H. 4, 445–450, Berlin 1954.
KOSSMAT, F.: Gliederung des varistischen Gebirgsbaus. – Abh. Sächs. Geol. Landesanst., 1, Leipzig 1927.
SCHOLZ, H.: Das varistische Bewegungsbild. – Fortschr. Geol. u. Paläont., 8, 25, Berlin 1930.
SCHWAN, W.: Gliederung und Faltung des Harzes in Raum und Zeit. – Geotekt. Sympos. z. Ehren v. HANS STILLE, Stuttgart 1956.
SIEMENS, G.: Die Schwerekarte der DDR. – Freiberger Forsch.-H. C 7, S. 21–29, Berlin 1953.
STILLE, H.: Einsetzen saxonischer Richtungen ... – Abh. preuß. geol. Landesanst., NF 116, Berlin 1930.
WEBER, H.: Einführung in die Geologie Thüringens. – Berlin 1955.
WURM, A.: Die Nürnberger Tiefbohrungen, ihre wissenschaftliche und praktische Bedeutung. – Abh. geol. Landesunters. Bayer. Oberbergamt, H. 1, München 1929.
ZWERGER, R. v.: Tektonik, Anomalien des Erdmagnetismus und Erdölhöffigkeit in Mitteldeutschland. – Kali (etc.), 1–14, Halle 1934.

Hydrogeologische Probleme bei den Aufschlußarbeiten in der Nähe von Krásno (Schönficht) – Císařský Les (Kaiserwald)[1]

STANISLAV KLÍR, Praha

Allgemeine Übersicht

In den vergangenen Jahren wurde mit Aufschlußarbeiten an einem Erzstock in der Nähe von Krásno begonnen, der schon im Mittelalter intensiv abgebaut worden ist. Bereits damals verfolgten die Abbauarbeiten die Höhenlage des Entwässerungserbstollens, auf dessen Niveau die Grubenwässer aus der Tiefe des Erzstockes durch einen alten Wasserhaltungsschacht gehoben wurden.

Die Aufschlußarbeiten begannen mit dem Abteufen eines Schachtes etwa 300 m nordöstlich vom angenommenen Kontakt des Erzstockes. Die 3. Sohle, die etwa 20 m unterhalb des Entwässerungserbstollens vorgetrieben wurde, erreichte den Erzstock, und die Arbeiten wurden im alten Bergeversatz fortgesetzt (Abb. 1). Der Wassereinbruch in die angelegten Abbaue dieser Sohle hängt wahrscheinlich mit einer längst erfolgten Senkung der Lagerstättenoberfläche zusammen. Die Ausrichtungsarbeiten auf der 4. Sohle der neuen Grube näherten sich ebenfalls dem Erzstock; sie wurden jedoch an der Stelle, an der man die kürzeste senkrechte Entfernung zum alten Entwässerungsschacht annahm, zeitweilig eingestellt, und es wurde ein Querschlag gegen den alten Wasserhaltungsschacht vorgetrieben. Von diesem aus wurde der Schacht durch 40 m lange Kernbohrungen angebohrt, aus denen längere Zeit insgesamt etwa 70000 m³ Wasser abflossen. Da man nun annahm, daß die abgebauten Räume zwischen der 3. und 4. Sohle entwässert worden sind, wurden die Vortriebsarbeiten fortgesetzt. Beim Anfahren des Erzstockes kam es jedoch zu einem Wassereinbruch von etwa 130000 m³, wobei größere Mengen Lockermassen in die Grubenbaue hineingetragen wurden.

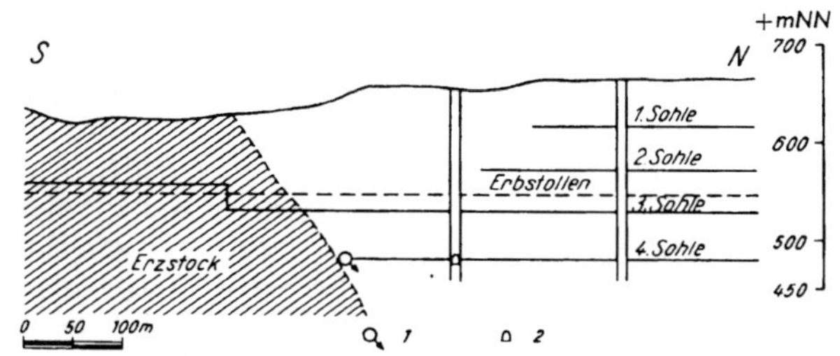

Abb. 1. Lageskizze
1 – Wasserdurchbruch, 2 – Querschlag mit Kernbohrungen

Allgemeine Charakteristik der hydrogeologischen Verhältnisse

Im Untersuchungsgebiet kommen zwei Grundwassertypen vor — Kluftwässer und Porenwässer —, die miteinander in Verbindung stehen. Für die Wasserführung der Erzstöcke sind die Kluftwässer von größerer Bedeutung. Die Porenwässer haben auf die Wasserführung der Erzstöcke keinen wesentlichen Einfluß, da durch das Deckgebirge nur Niederschlagswässer von der Oberfläche in den kluftwasserführenden Gesteinskörper eindringen. Im Deckgebirge bildet sich kein zusammenhängender Grundwasserleiter. Die hier auftretenden einzelnen, nicht zusammenhängenden wasserführenden Gesteinspartien werden durch das Relief der Felsunterlage des Deckgebirges und dessen Durchlässigkeit bestimmt. Der Zusammenhang des Grundwassers im Deckgebirge mit dem Kluftwasser wird durch das Fehlen von Quellen im Untersuchungsgebiet bestätigt.

Zu einem Anzapfen der Kluftwässer kam es beim Vortrieb der Grubenbaue an mehreren Stellen. Die Bewegung der unterirdischen Kluftwässer im Felsgestein wird bei intensiver Bergbautätigkeit durch Dränagewirkungen der Grubenbaue beeinflußt. Hierdurch entstehen tiefe, unregelmäßig begrenzte Absenktrichter; die größten Senkungen erfolgen an den Abflußstellen des Wassers in die Grubenbaue. Nicht entwässerte Zonen des Grundwasserspeichergesteins, die zunächst außerhalb der Dränagewirkung der Grubenbaue bestehen, sind daher nicht dauernd vorhanden; sie werden beim Vortrieb der Grubenbaue früher oder später entwässert.

Im Umkreis von Senkungen oberhalb der abgebauten Felder dringen die Niederschlagswässer durch günstig geöffnete Klüfte unmittelbar in die Grubenbaue ein.

[1] Redaktionelle Bearbeitung der Originalarbeit: W. SCHIRRMEISTER, Berlin

Grubenwasser

Die Grubenwasserzuflüsse sind an alte, heute verlassene und zusammengebrochene Grubenbaue sowie an Zuflüsse aus Bruchfeldern oberhalb abgebauter Räume gebunden. Kräftige Kluftwässeraustritte kommen am Kontakt des Erzstockes in jenem Gebiet vor, in dem bisher verhältnismäßig wenig Bergbauarbeiten durchgeführt wurden und über dem man daher eine nicht entwässerte oder durch Absenkung infolge bergbaulicher Arbeiten weniger betroffene Zone des ursprünglichen mit Wasser erfüllten Gesteinskörpers erwarten kann. Die Feststellung der Grubenwasserzuflüsse aus alten Abbauen und Versatz ist sehr schwierig, da diese Abschnitte heute nicht mehr zugänglich sind. Einen wichtigen Hinweis gab hierbei der Charakter der Grubenwasserzuflüsse in einem Abschnitt im tiefsten Teil des Erzstockes, der im Einfallen ausgerichtet wurde und in dem außer größeren Grubenwasserzuflüssen aus den Abbauen noch weitere Zuflüsse unterirdischer Kluftwässer auftraten, die räumlich mit einer Kluftzone am Kontakt des Erzstockes zusammenhängen.

Analyse des Grubenwassereinbruchs

Das gegen den Erzstock vorgetriebene Feldort der 4. Sohle der neuen Grube wurde nach dem Anbohren des alten Entwässerungsschachtes ausgemauert. Nachdem aus den Bohrlöchern kein Wasser mehr abfloß, wurde vor Beginn des Vortriebs aus dem Feldort gegen den Erzstock ein 15 m langes Kernbohrloch getrieben. Obwohl man annahm, daß nach Aufhören der Wasserzuflüsse das Gestein zwischen der 3. und 4. Sohle wasserfrei ist, wurden, als das Feldort das Ende dieses Bohrloches erreicht hatte, beim weiteren Vortrieb 5 m lange Vorbohrungen in Abbaurichtung und schräg zur Seite durchgeführt.

Vier Tage vor dem Wassereinbruch wurde nun eine Störung angefahren, die anfangs feucht war, aus der jedoch einen Tag später das Wasser auszufließen begann. Von den vier zwei Tage vor dem Wassereinbruch getriebenen 5 m langen Vorbohrungen, und zwar zwei in die Sohle und zwei in die Firste des Feldortes, waren die unteren Vorbohrungen trocken. Aus einer der oberen floß sehr viel Wasser aus (der Wasserstrahl reichte bis 50 cm vom Feldort weg). Einen Tag vor dem Wassereinbruch vergrößerte sich die ausfließende Wassermenge noch.

Beim Wassereinbruch lösten sich etwa 130000 m³ Grubenwässer, und etwa 430 m³ Gestein wurden eingeschwemmt (der Querschlag wurde auf 170 m mit Material zugeschüttet). Wichtig für das Erkennen der Ursachen des Wassereinbruchs war die Wassermenge, die dem Volumen der vorhandenen alten offenen Grubenbaue entsprach. Da zwischen der Entwässerung des alten Schachtes und dem Vortrieb des Feldortes mehrere Monate lagen, in denen aus den gegen den alten Entwässerungsschacht vorgetriebenen Bohrungen kein Wasser austrat, wurde angenommen, daß das Gesamtvolumen des Wassers zwischen dem 3. und 4. Horizont etwa der abgeflossenen Menge von 70000 m³ entspricht. Durch den alten Schacht flossen in Wirklichkeit rund 100000 m³ Wasser ab, jedoch wurde von dieser Menge das Wasser abgezogen, das vom Erbstollen in das Gestein eindrang. Bei der Bestimmung der Gesamtmenge des durch den Wassereinbruch gelösten Wassers war außer mit dem Abfluß von 70000 m³ noch mit einem Abfluß aus dem Absenktrichter zu rechnen, der durch die Dränagewirkung der Grubenbaue entstand. Der Kluftwässerabfluß aus dem neugebildeten Absenktrichter wurde — ausgehend vom bekannten Gesamtvolumen der durch den Wassereinbruch freigewordenen Wässer und dem Volumen des wassererfüllten Gesteinskörpers — auf 60000 m³ geschätzt.

Untersuchung des Einbruchmaterials

An einigen aus dem Einbruchmaterial in der 4. Sohle entnommenen Proben wurden die Korngrößen bestimmt. In Abb. 2 sind die Körnungslinien dargestellt.

Die Probe OK 125 wurde 133 m vom Schacht in Richtung Feldort, die Probe OK 137 183 m vom Schacht entnommen. Beide Analysen zeigen, daß Material unter 0,2 mm Korngröße in großer Entfernung von der Einbruchstelle auftritt, also über eine große Strecke transportiert wurde. Der hohe Anteil an feinen Bestandteilen war die Ursache für das Einschwemmen einer großen Materialmenge in die Grubenbaue.

Bei sechs Proben — Einbruchmaterial sowie Vergleichsmaterial — wurden am Kornanteil unter 0,2 mm die Tonmineralien bestimmt. Diese Untersuchungen sollten beweisen, daß die Zusammensetzung der feinen Fraktion des Einbruchmaterials für die ganze Lagerstätte typisch ist.

Probe 1: Ausfüllung der Störung im ganzen Gestein des Erzstockes auf der 3. Sohle

Probe 17a: gestörter Versatz aus dem Feldort P 16

Probe 5: gestörter Versatz am Meßpunkt 311 auf der 3. Sohle

Probe OK 120: untere Siebfraktion des Einbruchmaterials

Probe A: hydrothermal zersetzter biotitischer Gneis in 100 m Entfernung vom Feldort, 4. Sohle

Probe B: untere Siebfraktion des Einbruchmaterials in 10 m Entfernung vom Feldort, 4. Sohle

Die Auswertung der bei der thermischen Differentialanalyse erhaltenen Kurven (Abb. 3) nach den von R. E. Grim (1953) angegebenen Werten zeigte, daß es

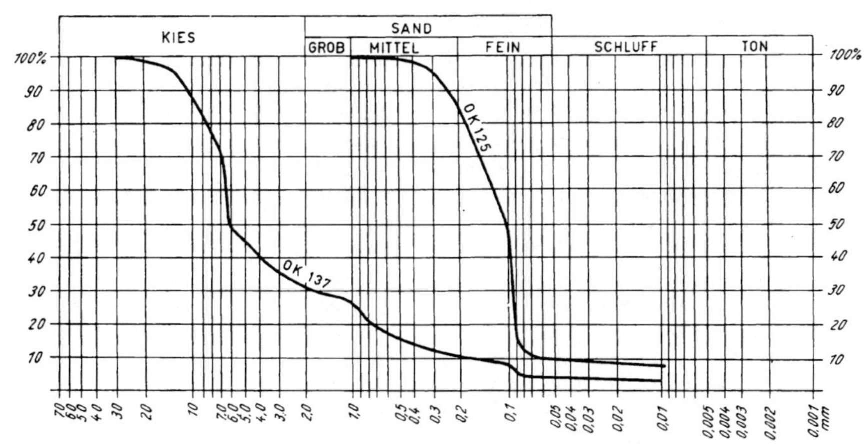

Abb. 2. Körnungskennlinien

sich um polymineralische Gemische von Kaolinit und Illit handelt. Diese beiden Minerale nehmen infolge ihrer Strukturen das Wasser leicht auf und sind daher quellfähig. Dabei kommt es zur Aufhebung der Silikattetraederschichten, so daß gleichzeitig mit der Wasseraufnahme die Festigkeit herabgesetzt wird und die Minerale leicht zerdrückbar und ausschwemmbar werden.

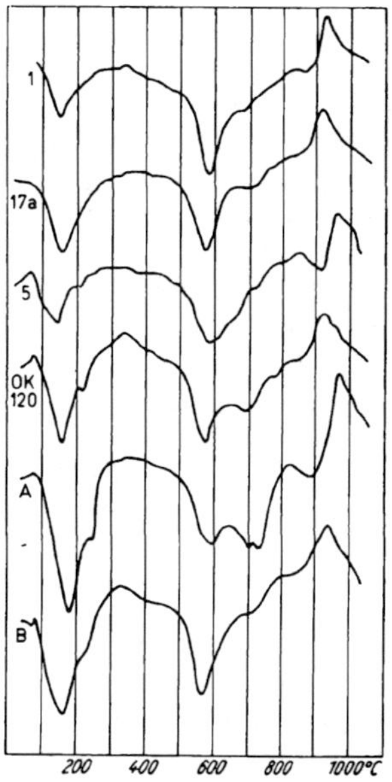

Abb. 3. Thermische Differentialkurven

Die RTG-Analyse der Probe Nr. 5 (die unter folgenden Bedingungen durchgeführt wurde: Röhre — Cu, Kammer — 114,59 mm, Filter — Ni, Belichtungsdauer — 15 Stunden) bestätigte die Ergebnisse der thermischen Differentialanalyse (s. Tab.). Es liegt ein Gemisch von Quarz, Kaolinit und Illit vor. Durch die Ergebnisse der mineralogischen Strukturanalyse ist bewiesen, daß sich in den alten Versatz- und Einbruchzonen auch in den Lagerstättenbereichen, die bereits früher entwässert worden sind, die Grubenwässer ansammeln können. Das erneute Ansammeln von Grubenwässern in dem gleichen Bereich, der durch Vorbohrungen entwässert worden war (Abfluß von rund 70000 m³ Grubenwasser), war somit Ursache für den Wassereinbruch auf der 4. Sohle.

Die Untersuchung der Grubenwasserzuflüsse

Bei den hydrogeologischen Untersuchungen erfolgten auch periodische Messungen der Grubenwassermenge. Ein Vergleich der Meßwerte mit den Tagessummen der Niederschläge in der Umgebung der Lagerstätte zeigte die Abhängigkeit erhöhter Grubenwasserzuflüsse von größeren Niederschlägen. Dabei tritt zwischen Niederschlagsmaximum und Abflußmaximum eine Zeitdifferenz von 3—8 Tagen auf. Die Wasserzuflüsse aus den Abbauen reagieren, da sie eine kürzere Sickerbahn haben, schneller als die Zuflüsse aus dem mit Wasser erfüllten Gesteinskörper.

Färbversuche sollten die angenommene Verbindung zwischen den an der Sohle des Erbstollens abfließenden Wässern und den Ausflüssen aus den gegen den alten Entwässerungsschacht auf der 4. Sohle der neuen Grube geführten Bohrlöchern sowie zwischen den Wasserausflüssen aus dem Versatz am Feldort dieser Sohle bestätigen.

Nachdem bei den Aufwältigungsarbeiten am Feldort der 4. Sohle die Bohrlöcher mit Hilfe eines Gestänges gereinigt worden waren, begann aus ihnen wieder Wasser zu fließen, obwohl es vor etwa sechs Monaten beim Wassereinbruch zu einer bedeutenden Entwässerung des Gesteins kam. Mittels einer Rohrleitung hat man eine Abzweigung aus dem Erbstollen zum alten Entwässerungsschacht hergestellt. Der Farbstoff (technisches Natrium-Fluoreszein, Hersteller: Chemapol-Lachema) wurde mit einer Handpumpe in die Rohrleitung gegeben, so daß er tatsächlich in den Wasserstrom des Erbstollens gelangte. Die Auswertung der Färbversuche erfolgte optisch unter Belichtung mit der Elektronenröhre UW-Luma bei Vorschaltung von WOODschem Glas, das den sichtbaren Spektrumteil auffängt (s. auch S. KLÍR 1961).

Der erste Färbversuch wurde im Mai bei einem Durchfluß von 333 l/min durchgeführt. Die Farbstoffzugabe dauerte 30 min an, so daß 10 m³ des durchfließenden Grubenwassers gefärbt wurden. An den Ausflußstellen trat die Färbung nach 36—40 Stunden auf, und zwar zuerst an den Bohrlöchern, dann auch am Feldort der 4. Sohle. Die Färbung wurde praktisch an beiden Stellen gleichzeitig bemerkt, nur war die Konzentration an den Bohrlöchern am Anfang stärker. Die Intensität der Färbung glich sich jedoch nach etwa vier Stunden aus.

Ergebnisse der RTG-Analyse

Probe Nr. 5		Quarz		Kaolinit		Illit	
I	d	I	d	I	d	I	d
5	12,48 A°	—	—	—	—	st	9,9 A°
8	7,22	—	—	8	7,2 A°	—	—
3	5,02	—	—	—	—	m	4,9
8	4,46	—	—	10	4,42	—	—
3	4,26	—	—	—	—	sch	4,28
1	3,87	—	—	—	—	m	3,87
1	3,724	—	—	—	—	—	—
6	3,576	—	—	8	3,578	—	—
10	3,34	10	3,34 A°	—	—	sst	3,35
2	3,21	—	—	—	—	—	—
1	3,083	—	—	2	3,091	msch	3,09
2	2,978	—	—	—	—	—	—
2	2,870	—	—	—	—	m	2,85
1	2,784	—	—	—	—	—	—
10	2,568	—	—	7	2,559	sst	2,56
4	2,458	5	2,45	—	—	msch	2,45
4	2,388	—	—	7	2,374	m	2,39
4	2,338	—	—	10	2,331	—	—
3	2,284	5	2,280	—	—	—	—
2	2,230	4	2,231	—	—	msch	2,235
6	2,131	5	2,123	—	—	m	2,140
6—7 dif	1,990	—	—	7	1,985	m	1,988
5	1,817	9	1,813	—	—	—	—
4 dif	1,661	5	1,668	—	—	—	—
5	1,542	9	1,539	—	—	—	—
8 sd	1,497	—	—	9	1,486	st	1,497
2	1,452	4	1,450	—	—	—	—
7	1,377	8	1,380	—	—	—	—
		9	1,372				
2	1,354	—	—	—	—	—	—
3	1,339	—	—	—	—	msch	1,342
4 bd	1,294	—	—	—	—	m	1,294
2 bd	1,245	—	—	—	—	msch	1,243
4	1,201	8	1,198	—	—	—	—
3	1,181	8	1,182	—	—	—	—
2—3	1,155	7	1,151	—	—	—	—

dif = diffus
sd = stark diffus
bd = Band
sst = sehr stark
st = stark
m = mittelstark
msch = mittelschwach
sch = schwach

Dieser Versuch zeigt den Zusammenhang der durch den Erbstollen abfließenden Wässer mit den Zuflüssen aus alten Grubenbauen an der 4. Sohle der neuen Grube. Die Färbungsintensität, die sehr charakteristisch und ausgezeichnet sichtbar war, bewies, daß eine direkte Verbindung zwischen dem Erbstollen und dem alten Entwässerungsschacht besteht, die die Auffüllung der alten Grubenbaue durch die Wasserzuflüsse aus dem Erbstollen ermöglicht.

Beim zweiten Färbversuch im Juni bei einem Durchfluß von 200 l/min wurde 50 min lang der Farbstoff zugegeben, so daß ebenfalls etwa 10 m³ des durchfließenden Grundwassers gefärbt wurden. Die Ausflüsse aus den Bohrlöchern wurden verschlossen. Am Ausfluß aus dem Feldort an der 4. Sohle trat keine Färbung des Wassers auf. Nach 43 Stunden wurde der Schieber am Ausfluß aus den Bohrlöchern geöffnet; jetzt zeigte sich hier eine Färbung.

Dieser Versuch zeigt, daß zwischen den durch die Erbstollen abfließenden Wässern und den Zuflüssen aus dem 4. Horizont eine Verbindung besteht, die durch den alten Entwässerungsschacht hergestellt wird.

Auch beim dritten Färbversuch, durchgeführt im August bei einem Durchfluß von 163 l/min, wurden 10 m³ des durchfließenden Wassers gefärbt. An den beiden Beobachtungspunkten — die Ausflüsse aus den Bohrlöchern und der Ausfluß an der 4. Sohle — wurde nach 46 Stunden der Farbstoff in gleicher Intensität festgestellt, diese war jedoch schwächer als beim ersten Färbversuch im Mai. Wahrscheinlich wurde die Färbungsintensität durch den schwächeren Wasserdurchfluß im Erbstollen beeinflußt. Das Ergebnis dieses dritten Versuches bestätigt vollkommen die Schlußfolgerungen über den Zusammenhang der durch den Erbstollen abfließenden Wässer mit dem Speichergestein im Versatz des bereits abgebauten Teils des Erzstockes.

Hydrochemie

Im Untersuchungsgebiet kommt nur ein Grubenwassertyp vor, der durch Überwiegen von Sulfat- und Hydrokarbonationen im Anionenanteil und durch Erdalkaliionen im Kationenanteil charakterisiert ist. Wichtige Folgerungen sind hier aus den Werten der Gesamtmineralisation möglich.

Die in alten Abbauen zirkulierenden Grubenwässer weisen eine hohe Mineralisation (mehr als 500 mg/l) auf, die durch Auslaugung während der Grundwasserbewegung hervorgerufen wird. Zu dieser Wassergruppe gehören auch der Zufluß aus dem Feldort der 4. Sohle der neuen Grube und alle Zuflüsse aus den Abbauen an den Erzstöcken. Diese Wassergruppe ist in ihrem Umlauf und ihrer Mineralisation an die alten Abbaue gebunden. Weiterhin existiert eine Gruppe von Wässern mit einer Mineralisation von 100—300 mg/l. Hierzu gehören das an der Sohle des alten Erbstollens abfließende Wasser und das Wasser aus den Bohrlöchern am alten Entwässerungsschacht. Das Auftreten dieser beiden Wassergruppen bestätigt die aus den Färbversuchen gezogenen Folgerungen. Zu den Wässern geringerer Mineralisation gehören weiterhin die Wasseraustritte am Kontakt des Erzstockes sowie der Ausfluß an der Mündung des Erbstollens. Diese weniger mineralisierten Wässer haben ihren Ursprung im Absenktrichter, der durch die Dränagewirkung der Grubenbaue gebildet wird. Die Ausflüsse aus der Mündung des Erbstollens betragen nur rund 100 l/min. Da der Abfluß in dem Erbstollen im Grubengebäude etwa 330 l/min beträgt, kann durch diese Messungen ebenfalls der Zusammenhang der Wässer des Erbstollens mit dem alten Entwässerungsschacht bestätigt werden.

Entwässerungswirkung des Erbstollens

Die Färbversuche, die hydrochemischen Untersuchungen und die Durchflußmessungen gaben die notwendigen Hinweise über den Zusammenhang der an der Sohle des Erbstollens abfließenden Wässer mit dem alten Entwässerungsschacht und mit den mit Wasser erfüllten alten Grubenbauen. Die Untersuchungen zeigten, daß die Entwässerungswirkung dieses alten Stollens wesentlich eingeschränkt ist. Vor der Durchführung weiterer Aufschlußarbeiten sollten daher die Wässer des Erbstollens getrennt von den anderen Grubenwässern gefördert werden. Dadurch kann man eine unnötige Auffüllung der alten Grubenbaue mit Wasser verhindern. Gleichzeitig kommt es dadurch zur Herabsetzung der Wasserzuflüsse auf der 4. Sohle, jedoch nicht zu deren völligem Aufhören; denn ein Teil der Wasserzuflüsse stammt aus dem Absenktrichter.

Zusammenfassung

Beim Aufschluß eines Erzstockes in der Nähe von Krásno kam es beim Vortrieb eines Feldortes gegen den Erzstock auf der 4. Sohle zu einem Grubenwassereinbruch, bei dem Lockermaterial in die Grubenbaue eingeschwemmt wurde.

Bei der Untersuchung der hydrogeologischen Verhältnisse und der Ausarbeitung eines Projektes für die weiteren Aufschlußarbeiten wurde nachgewiesen, daß auch in Zukunft die Bildung von Grubenwässern im alten Versatz und in Einbrüchen zu erwarten ist. Die Beobachtung der Fließ- und Sickerrichtung der Grubenwässer ergab einen Zusammenhang zwischen den durch den Erbstollen abfließenden Wässern, dem alten Entwässerungsschacht und den in alten Abbauen zirkulierenden Wässern. Das Entweichen von Wasser aus dem Erbstollen kann durch eine Sonderwasserhaltung verhindert werden. Dadurch wird der Wasserzufluß nach dem Aufwältigen der Grubenbaue verringert.

Резюме

При вскрытии рудного штока около Красно во время проходки орта в направлении на рудный шток на четвертом горизонте произошел прорыв рудничных вод и горные выработки насыпались рыхлым материалом.

При изучении гидрогеологических условий и разработке проекта дальнейших работ для вскрытия было доказано, что и в будущем надо ожидать образования рудничных вод в старых заложенных пространствах и в прорывах. Наблюдение направления течения и просачивания рудничных вод обнаружило связь между водами, оттекающими через штольню, старой отводной шахтой и водами, циркулирующими в старых выработанных пространствах. Удаление вод из штольни может быть ликвидировано при помощи специальной водоотводной системы. Этим уменьшается приток воды после проходки горных выработок.

Summary

During the exposure of an oretrunk near Krásno a flooding of mine water took place on the fourth floor with loose material being flushed into the underground workings, when a gallery was driven against the ore stock.

An investigation of the hydrogeological conditions and elaboration of a project for further exposure operations have shown that in the old filling rocks and collapses mine-water formation must also be expected in future. An observation of the direction of mine-water flow and infiltration has shown a relationship between waters running off through the open adit, the old pump shaft, and waters circulating in former working fields. Water can be prevented from escaping out of the adit by a special drainage, thereby reducing the inflow of water after clearing up underground workings.

Literatur

Grim, R. E.: Clay Mineralogy. — London 1953.

Klír, S.: Die Beobachtung von Wassermenge und -geschwindigkeit beim Versickern von Oberflächenwässern in Grubenbaue. — Z. angew. Geol., 7, S. 32, Berlin 1961.

Ergebnisse komplexer hydrogeologischer Untersuchungen im Cheb-Becken [1)]

MARGARITA KOLÁŘOVÁ, Praha

Im Jahre 1961 wurde die hydrogeologische Untersuchung im Cheb-(Eger-)Becken als Schlußphase der von der Geologischen Zentralanstalt 1956 begonnenen komplexen Untersuchung beendet. Das tertiäre Cheb-Becken wurde auf Grund von Regierungsbeschlüssen aus den Jahren 1956 und 1958 als erstes systematisch und allseitig durchforscht. Ziel war, anhand der neuesten Erkenntnisse und mit Rücksicht auf die dort geplanten bergbaulichen Maßnahmen die Grundlagen für die eingehende Erkundung der Lagerstätten mineralischer Rohstoffe des Gebietes zu erarbeiten sowie den Schutz der weltbekannten Mineralwasserquellen zu garantieren.

Die hydrogeologische Lösung der Probleme in diesem Schutzgebiet setzte einen Komplex ausgedehnter geologischer, geochemischer, hydrochemischer und geophysikalischer Untersuchungen voraus und stellte somit eines der kompliziertesten Probleme dar, die bisher von der Hydrogeologie zu lösen waren.

Die geologische Erforschung des Cheb-Beckens, die den eigentlichen hydrogeologischen Arbeiten vorausging, wurde 1958 beendet. Sie wurde von V. AMBROŽ, P. ŠANTRŮČEK, A. MRÁZEK u. a. im Jahre 1958 durchgeführt und das Gebiet im Maßstab von 1 : 25000 auskartiert. Es wurden die Grundprobleme der Stratigraphie, Tektonik und Genesis des Gebietes gelöst, die Vorräte an mineralischen Rohstoffen berechnet, neue Lagerstätten keramischer Tone und von Baumaterialien zum Abbau übergeben, eine Berechnung der Kohlenvorräte durchgeführt und die technologischen Eigenschaften der Kohle charakterisiert.

Im Verlaufe der Untersuchungen wurden die allgemeinen hydrogeologischen Verhältnisse des Gebietes mit Rücksicht auf den Kohlenabbau erforscht. Im Zusammenhang damit wurde auch die Frage der Revision der Schutzzonen von Františkovy Lázně (Franzensbad), eventuell deren Neubestimmung, in Erwägung gezogen. Die Lösung dieser Grundprobleme wurde mit der Klärung von weiteren Fragen (Grundwasservorkommen im Becken, Ursprung der Kohlensäurewässer und deren Verhältnis zum Grundwasser) verbunden.

Um die Problematik des Gebietes allseitig zu lösen, bedurfte es einer systematischen und allseitigen Grundwasseruntersuchung der tertiären Sedimente mittels hydrogeologischer Strukturbohrungen in Verbindung mit weiteren grundlegenden Beobachtungen und speziellen Versuchsarbeiten. Die eigentlichen Forschungsarbeiten wurden in zwei Etappen durchgeführt: 1. die hydrogeologische und hydrochemische Kartierung im Maßstab 1 : 50000 (einschließlich der Beobachtung der Grundwasserschwankungen auf den Säuerlingquellen im Kurort selbst sowie im Becken, die über drei Jahre dauerte) und 2. das Niederbringen hydrogeologischer Bohrungen in Profillinien, um damit die gegenseitigen Beziehungen der einzelnen tektonischen Schollen zu klären.

Besondere Aufmerksamkeit wurde den hydrochemischen Untersuchungen, der geochemischen Untersuchung der tertiären Sedimente, den Hauptindikatoren der Grundwassergenesis, der Grundwassermetamorphose und -bewegung gewidmet. Diese Forschungen wurden vor allem auf die miozänen, vom Gesichtspunkt der Mineralisation der Säuerlinge interessanten Sedimente gerichtet. Mit Rücksicht auf das Vorkommen radioaktiver Wässer in den angrenzenden Gebieten des Cheb-Beckens wurde eine radiometrische Untersuchung des Grundwassers durchgeführt.

Der geologische Bau des Gebietes ist aus der schematischen hydrogeologischen Karte (Abb. 1) und aus den Darstellungen in Abb. 2 ersichtlich. Die Stratigraphie des Cheb-Beckens wurde durch das Auffinden einer vulkanischen Serie in den Bohrungen östlich von Skalná, nördlich von Nebanice und im Horní Lomany bei Františkovy Lázně (V. AMBROŽ 1961) ergänzt. Diese Serie ist lediglich durch Gesteine der

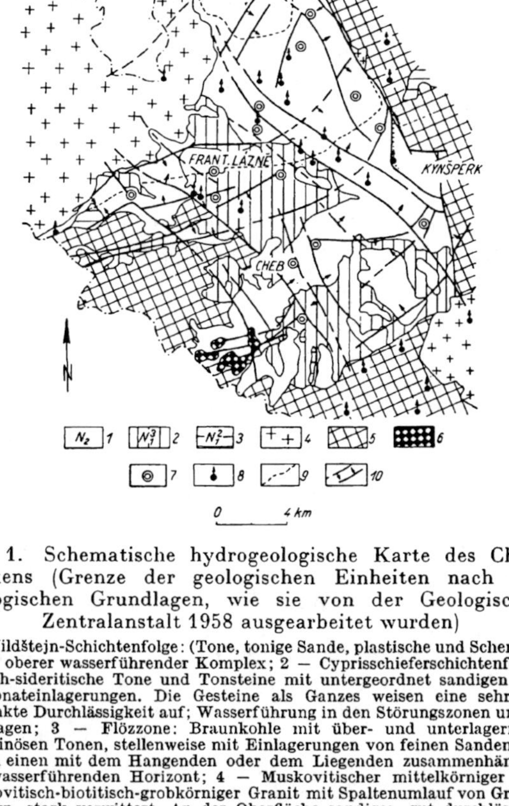

Abb. 1. Schematische hydrogeologische Karte des Cheb-Beckens (Grenze der geologischen Einheiten nach den geologischen Grundlagen, wie sie von der Geologischen Zentralanstalt 1958 ausgearbeitet wurden)

1 — Vildštejn-Schichtenfolge: (Tone, tonige Sande, plastische und Scherbentone); oberer wasserführender Komplex; 2 — Cyprisschieferschichtenfolge: illitisch-sideritische Tone und Tonsteine mit untergeordnet sandigen und Karbonateinlagerungen. Die Gesteine als Ganzes weisen eine sehr beschränkte Durchlässigkeit auf; Wasserführung in den Störungszonen und in Sandlagen; 3 — Flözzone: Braunkohle mit über- und unterlagernden bituminösen Tonen, stellenweise mit Einlagerungen von feinen Sanden. Sie bilden einen mit dem Hangenden oder dem Liegenden zusammenhängenden wasserführenden Horizont; 4 — Muskovitischer mittelkörniger und muskovitisch-biotitisch-grobkörniger Granit mit Spaltenumlauf von Grundwässern, stark verwittert. An der Oberfläche sandiges, gut durchlässiges Material, das im Liegenden des Beckens kaolinisch verwittert ist; 5 — kristalline Schiefer; Phyllite und Glimmerschiefer mit beschränktem Umlauf des Grundwassers, die mit einem Mantel von tonigen, schwach durchlässigen Verwitterungsprodukten bedeckt sind. Im Liegenden des Beckens sind sie kaolinisch verwittert; 6 — olivinischer Basalt von homogener Textur. Wegen seines kleinen Flächenausmaßes hydrogeologisch unbedeutend; 7 — hydrogeologische Erkundungsbohrungen (1957—1960); 8 — Säuerlingquellen; 9 — Umrisse der Kontakte von Granit mit dem Kristallin; 10 — tektonische Linien

---

[1)] Eingang des Manuskripts in der Redaktion: 26. 5. 1962.
Für unsere Zeitschrift von der Redaktion „Geologický Průzkum — Praha" zur Verfügung gestellt.

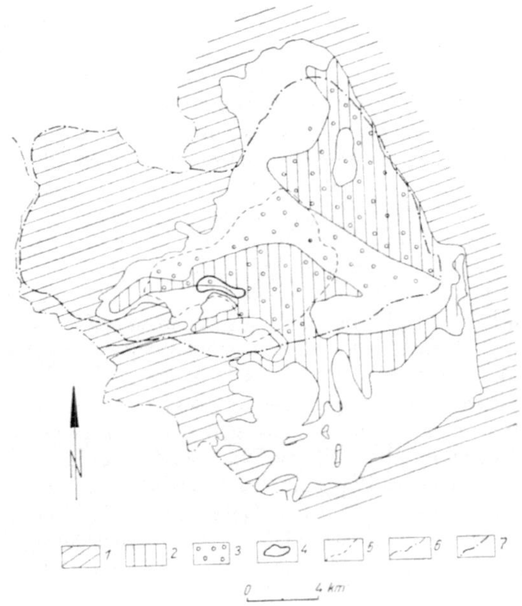

Abb. 2. Schema des vorgelegten Projektes der Schutzzonen von Františkovy Lázně

1 — kristalliner Beckenrand; 2 — Verbreitung der produktiven Schicht; 3 — Gebiet gasführender tertiärer Sedimente; 4 — Schutzgebiet der 1. Stufe; 5 — Schutzgebiet der 2. Stufe; 6 — Schutzgebiet der 3. Stufe; 7 — Staatsgrenze

Explosionsphase mit größerer oder geringerer Beimengung vulkanischen Lockermaterials vertreten. Sie erreicht eine Mächtigkeit von 20 m und liegt entweder direkt dem Felsuntergrund oder basalen Sedimenten von geringer Mächtigkeit auf. Ihre geologische Lage weist auf gleiches Alter wie die vulkanischen Gesteine des benachbarten Beckens von Krušné hory (Erzgebirge).

Der Graben von Krušné hory (Erzgebirgsgraben) ist ein wichtiger tektonischer Knoten, an welchem der Einfluß der saxonischen Tektonik im Zusammenhang mit der alpinen Gebirgsbildung auf das Böhmische Massiv deutlich zum Ausdruck kommt.

Im Cheb-Becken findet man zwei Hauptsysteme saxonischer Brüche, die sich überschneidende Gräben bilden (V. AMBROŽ, P. ŠANTRŮČEK, A. MRÁZEK 1958). Die ältesten saxonischen Brüche, die sogenannten Erzgebirgsbrüche, wurden von der variszischen Tektonik vorbestimmt und sind mit ihrer WSW—ENE-Streichrichtung vom Krušné hory bekannt. Im Cheb-Becken haben die Bewegungen längs dieser Brüche das Entstehen einzelner kleiner Kohlenbecken beeinflußt. Das Bruchsystem mit NNW—SSE-Streichrichtung ist jünger und wurde durch spätvariszische Dislokationen angelegt. Diese Brüche haben eine große hydrogeologische Bedeutung, da sie regelmäßig offen und gut durchlässig sind. Eine sehr gut drainierende Wirkung hat die Störungszone mit NNW—SSE-Richtung, die von Nebanice in Richtung Hájek (Soos) und weiter nach dem Radiumbad Brambach verläuft.

Die tektonischen Linien von erzgebirgischer Richtung begrenzen die nördlichen und südlichen Ränder des Beckens. Längs desselben streicht der morphologisch sehr deutlich hervortretende Graben von Františkovy Lázně, der in der Literatur als Korridor von Františkovy Lázně bezeichnet wird.

Er ist 4 km breit und durch eine größere Mächtigkeit des kaolinisierten Kristallins erkennbar. Seine Nord- und Südflügel haben ein beinahe zerstörtes kaolinisches Profil. Ein Teil des Cheb-Beckens südlich der tektonischen Nordgrenze des Grabens von Františkovy Lázně stellt nach V. AMBROŽ (1961) die tektonische Fortsetzung des Sokolov-(Falkenau-)Beckens dar und gliedert sich in zwei kohlenflözführende Teilbecken, dasjenige von Františkovy Lázně und das südlichere von Odrava, die teilweise durch den Odrava-Kamm des Untergrundkristallins (Abb. 2) abgetrennt sind. Die tektonische Aufwölbung des Untergrundes von Nebanice-Hájek trennt den Graben von Františkovy Lázné in einen westlichen und einen östlichen Teil und bildet die südwestliche Begrenzung des dritten und am tiefsten liegenden kleinen Kohlenbeckens von Oldřichov-Pochlovice.

Die im Untergrund des Beckens auftretende Kontaktzone des Granits zum Kristallin ist leicht zu erklären. Sie zeigt lediglich das Eindringen des Granitmagmas in die kristallinen Schiefergesteine an. Die Kontaktzone beider Gebiete folgt dem Schichtstreichen. Das Einfallen der Schichten ist sehr steil, nach S zu beinahe senkrecht (V. AMBROŽ 1961). Der Graben von Františkovy Lázně ist in seiner ganzen Länge an die südliche Grenze von Granit und Phyllit gebunden (Abb. 1).

Das Cheb-Becken ist eine tiefe tektonische Depression mit einem ausgedehnten Grundwassereinzugsgebiet. Das eigentliche Infiltrationsgebiet des Cheb-Beckens dagegen ist infolge seiner räumlichen Begrenzung durch steile tektonisch bedingte Ränder nicht so groß wie das wirkliche Infiltrationsgebiet, welches, wie erwähnt, eine viel größere Ausdehnung hat. Das durch zahlreiche Brüche gestörte und bis in große Tiefen verwitterte Granitmassiv von Smrčiny (Fichtelgebirge) enthält Spaltenwässer, die die Grundwasservorräte der Tertiärschichten im Becken ergänzen. Dies trifft auch auf die Hülle aus kristallinen Schiefern zu, die gleichfalls Spaltenwasser enthalten.

Das Grundwasser tritt in dem gesamten Schichtenkomplex der tertiären Sedimente in zwei Grundwasserstockwerken auf. Der Schichtenkomplex pliozänen Alters enthält einen oder mehrere Grundwasserleiter mit Wässern gespannten oder nichtgespannten Zustandes. Mit Ausnahme der tiefsten tektonischen

Abb. 3. Eruption von kohlensäurehaltigem Wasser aus der hydrogeologischen Bohrung im Horní Ves bei Františkovy Lázně. Im Vordergrund Sandanschwemmung und Kohlenbrocken, die durch die Eruption aus der Bohrung emporgetragen wurden

Schollen liegt der Grundwasserspiegel über der örtlichen Erosionsbasis und wird in seinem Stand durch Infiltration des Niederschlagswassers, zum kleineren Teil auch durch Zufluß des Wassers an Brüchen aus tieferen Stockwerken bestimmt. Infolge der überwiegend tonigen Faziesentwicklung hat der pliozäne Schichtkomplex eine verhältnismäßig geringe spezifische Ergiebigkeit (Zehntel l/s · m). Eine Ausnahme stellt das Einzugsgebiet der Flüsse Ohře (Eger) und Odrava dar, in welchem reichliche Grundwasservorräte vorhanden sind. Das Auftreten von Säuerlingen ist in diesem Schichtenkomplex selten und ist mehr an die NW—SE streichende Dislokationszone des benachbarten Gebietes von Nebanice-Hájek gebunden.

Das Grundwasser des oberen wasserführenden Stockwerkes hat in dem ganzen Becken ein mehr oder weniger einheitliches Regime mit überall ähnlichen Gesetzmäßigkeiten der Bewegung, der chemischen Zusammensetzung und des Mineralisationsgrades.

Das Grundwasserregime des unteren miozänen Schichtenkomplexes hängt mit der Struktur des Untergrundes des Beckens und mit dem Charakter der tektonischen Störung des hangenden Cypris-Schichtenkomplexes eng zusammen, der eine undurchlässige Deckschicht für das gespannte Grundwasser bildet. Dieses Grundwasser ist an die basale tonig-sandige Schichtenfolge, an die Flözzone und eventuell an die durchlässigen Lagen an der Basis der Cypris-Schichtenfolge gebunden. Die Grundwasservorräte dieses Komplexes werden aus den Randpartien der Kontaktzone des Granites mit dem Kristallin bzw. Längsbrüchen aus dem Untergrund des Beckens ergänzt. Das Grundwasserregime des miozänen Schichtenkomplexes weicht in den Hauptstrukturgebieten des Cheb-Beckens bedeutend von jenem ab.

Der Teil des Beckens südlich des Odrava-Kammes enthält nur Grundwasser mit freiem Spiegel. Die Flözzone ist im größten Teil des Gebietes wegen der mächtigen Pakete der sie unter- und überlagernden undurchlässigen Tonschichten nicht wasserführend. Die basalen sandigen Schichten der Cypris-Schichtenfolge und die tonigen Sande im Untergrund bilden selbständige Grundwasserstockwerke.

Im nördlichen Teil des Beckens besteht der Untergrund zum Teil aus Granit und nur im Süden aus Phylliten, größtenteils aber aus Glimmerschiefern. Die Strukturelemente des Gebietes sind der Graben von Františkovy Lázně, dessen nördlicher Flügel und die Aufwölbung des Untergrundes von Nebanice-Hájek. Der miozäne Schichtenkomplex enthält hier Säuerlinge (Abb. 2). Die Wasserführung der Flözzone wird stets durch ihren engen Zusammenhang mit den hangenden oder liegenden Schichten charakterisiert. Infolge ihrer großen Ausdehnung und ihrer Lagerungsverhältnisse stellt sie ein wichtiges Grundwasserstockwerk des unteren wasserführenden Schichtenkomplexes dar. Die Ergebnisse der Bohrungen bestätigen den hohen Gasgehalt der tertiären Sedimente im Mittelteil des Cheb-Beckens, wo der Smrčiny-Granit (Fichtelgebirgsgranit) das Liegende bildet. Das maximale piezometrische Niveau der Säuerlinge ist auf die Zone in der Nähe des südlichen Kontaktes des Granits zum Phyllit beschränkt, der als einer der wichtigsten Eintrittswege von CO_2 erscheint. In die tertiäre Beckenfüllung tritt CO_2 durch das gut durchlässige Granitmassiv wahrscheinlich an mehreren Stellen des Untergrundes ein. Die Rolle der einzelnen Dislokationen ist nicht ganz klar. Als sehr aktiv zeigt sich die NW streichende Störungszone, die den Kamm der Aufwölbung von Nebanice-Hájek schneidet. Die Art des eruptiven Austrittes des CO_2 aus einigen hydrogeologischen Bohrungen (Horní Ves, Hájek) beweist den ununterbrochenen Zustrom von CO_2 aus dem Untergrund und die Möglichkeit der Akkumulation desselben in den miozänen Schichten. Der Anteil von CO_2 am Gasgehalt des Wassers ist sehr hoch (68—99%). Die Verbindung des nördlichen und des südlichen Teiles des Beckens in bezug auf die CO_2-Führung ist im Gebiet östlich von Cheb oder vermittels der NW streichenden Bruchlinie möglich.

Die chemische Zusammensetzung des Grundwassers der tertiären Ablagerungen ändert sich nach der Tiefe vom Ca-Bikarbonat- über den Ca-Na-Bikarbonat- und Na-Sulfat-Bikarbonat-Typ zum Na-Bikarbonat-Sulfat- bis zum Na-Sulfat-Typ. Mit der Tiefe wächst die Mineralisation des Grundwassers. Das Ansteigen der Mineralisation und die Änderung des Chemismus der tertiären Schichten nach der Tiefe sind durch den steigenden Gehalt an Natriumsulfat bedingt. Diese Gesetzmäßigkeit gilt nur für den nördlichen Teil des Beckens. Der Na-Sulfat- und Na-Bi-Karbonat-Sulfat-Typ der Säuerlinge entsteht unter dem überwiegenden Einfluß von Oxydationsprozessen, die in der Zone des verwitterten Granits und in den miozänen Sedimenten mit reichem Pyritgehalt ablaufen (M. KOLÁŘOVÁ, V. MACHÁČEK 1962). Der hohe Mineralisationsgrad der Säuerlinge (bis 11 g/l) in den basalen Sedimenten wird durch das Vorhandensein hoher Gehalte von CO_2 und durch verlangsamte Zirkulation des Grundwassers im Untergrund des Beckens erklärt.

Der südliche Teil des Beckens hat seine eigenen hydrochemischen Verhältnisse. Die chemische Zusammensetzung des Wassers ändert sich hier von dem Ca-Bikarbonat-Typ über den Ca-Na-Bikarbonat- zu dem Na-Bikarbonat-Typ. Diese Tatsache bestätigt die große Rolle der Kapillarprozesse im hydrogeologischen Regime des nördlichen Beckenteils und ihre grundsätzliche Bedeutung für den Chemismus des Grundwassers.

Die Ergebnisse der hydrogeologischen Untersuchungen ließen Schlüsse auf die geologisch-hydrogeologischen Verhältnisse und die Struktur des Quellgebietes der Mineralwässer von Františkovy Lázně, die eine spezielle Stellung in der Hydrogeologie des Cheb-Beckens haben, zu. An den strukturellen Aufbau des westlichen Teiles des Grabens von Františkovy Lázně, der im NE und E von der tektonischen Aufwölbung von Nebanice-Hájek begrenzt wird, ist eine breite Zone von Thermalquellen gebunden. Das engere Quellengebiet von Františkovy Lázně liegt am Ausgang der Senke gleichen Namens, deren Beckensohle nach NE einfällt. Im SE, wo sich die südöstliche Quellengruppe befindet, wird das Becken von einem Phyllitsattel abgeschlossen, der sich von Střižov bis Nová Ves erstreckt und dort, südlich von der Bohrung H 11, von einer Störung abgeschnitten wird. Die westliche Begrenzung des Verbreitungsgebietes der Säuerlinge ist nicht genau bekannt. Schon bei Kapice enthält das Grundwasser keine CO_2 mehr. Weiter nach E, am westlichen Rand des Kurparks, ist jedoch die gesamte untere tonig-sandige Schichtenfolge mit Gas gesättigt. Der CO_2-Gehalt wächst nach E, wobei nach

Abb. 4. Mofetten von CO_2 im südlichen Teil der Hájek-Depression

den Ergebnissen der Untersuchungsbohrungen die Stockwerke in der Tiefe von ca. 26,0—53,0 m Maximalwerte aufweisen. Das Ursprungsgebiet der CO_2 der Säuerlinge von Františkovy Lázně befindet sich nordöstlich der Quellen, und die Kontaktzone des Granits von Smrčiny mit den Phylliten von Cheb bildet einen der Hauptmigrationswege von CO_2 aus dem Untergrund.

Bei dem Abteufen der hydrogeologischen Bohrung Nová Ves bei Františkovy Lázně, nahe am Kontakt, kam es zu einer mächtigen Eruption von Wasser und Gas (Abb. 3). Die Eruption erfolgte nach dem Durchbohren der humosen Untergrundtone der Flözzone in einer Tiefe von 55,3 m. Die Fontäne erreichte eine anfängliche Höhe von 40—50 m, später betrug sie 20 bis 25 m, d. h., sie war beinahe um 30 m höher als das piezometrische Niveau der Mineralwässer von Františkovy Lázně. Die ununterbrochen andauernde Eruption deutete auf die Existenz eines starken CO_2-Zuflusses in der Nähe der Bohrung hin, wobei die dortigen geologisch-tektonischen Verhältnisse auch die sekundäre Akkumulation von CO_2 in den basalen Ablagerungen ermöglichten. Die Forschungsarbeiten der letzten Jahre haben eine Deutung der Faktoren des Mineralwasservorkommens und neue Erkenntnisse gebracht, die die Bildungsweise eines so ungewöhnlichen Typs kalter Säuerlinge erklären.

Die Frage des Ursprungs der Mineralquellen von Františkovy Lázně hat die Forscher schon lange Zeit interessiert. Es gibt zwei mehr oder weniger entgegengesetzte Meinungen über den Ursprung der Mineralisation und über die Bildungstiefe dieser Mineralwässer.

Die eine Ansicht, die frühere deutsche Forscher vertraten, geht davon aus, daß die Bildungszone der Wässer von Františkovy Lázně in den umliegenden und unterlagernden Kristallinmassiven liegt. K. KEILHACK (1929) dagegen hat den Ursprung der Quellen von Františkovy Lázně in den tertiären Sedimenten vermutet. Nur die Herkunft von CO_2 haben die Vertreter beider Meinungen eindeutig für juvenil gehalten. In der letzten Zeit haben sich die einzelnen Autoren entweder der ersten (A. MATĚJKA, V. MATULA, P. ŠANTRŮČEK) oder der zweiten (O. HYNIE 1949) zugewendet, ohne eine nähere Analyse der hydrogeologischen Verhältnisse des Gebietes und der chemischen Zusammensetzung der Mineralwässer durchgeführt zu haben.

Die chemische Zusammensetzung des Grundwassers ist die unmittelbare Folge des Bildungsprozesses desselben. Im Falle der Mineralwässer von Františkovy Lázně zeigt diese ihre direkte Beziehung zum Grundwasser der verwitterten und kaolinisierten Zone des Granitmassivs. Wässer ähnlichen Typs kommen im Granitmassiv sowie in den basalen tonig-sandigen Sedimenten über der Granitunterlage vor. Die Säuerlinge von Františkovy Lázně sind jedoch stark mineralisiert und haben hohe Gehalte an Cl (über 20%).

Wie sich aus den Ergebnissen der hydrochemischen Untersuchungen und der Beobachtung des Wasserspiegels an Quellen ergibt, ist die Bildung der Mineralwässer von Františkovy Lázně ein sehr komplizierter Vorgang, wobei es zur Mischung von zwei genetisch verschiedenen Wassertypen und ihrer nachträglichen Metamorphose in den tertiären Sedimenten kommt, die durch die eigenartigen hydrogeologischen Verhältnisse im Quellengebiet von Františkovy Lázně gegeben sind. Eine teilweise Herausbildung des Chemismus der Säuerlinge von Františkovy Lázně fängt bereits in der verwitterten Granitzone an. Längs klaffender Spalten dringt das Wasser in die tieferen Granitzonen ein. Dort wird es mit CO_2 gesättigt und steigt — durch seinen Druck getrieben — längs der Brüche in die tertiäre Beckenausfüllung auf. Die Mineralisation dieses Wassers wird nicht nur durch die Mineralzusammensetzung der Gesteine und deren Verwitterungsprodukte, sondern vor allem auch durch den mineralogischen Charakter der Spaltenausfüllung beeinflußt.

In den tertiären Sedimenten vollziehen sich dann die Mischung mit dem infiltrierten Wasser, die weitere Metamorphose der Säuerlinge und die Herausbildung des verhältnismäßig seltenen chemischen Typs kalter, stark mineralisierter Säuerlinge. Die Metamorphose wird von dem Zufluß frischer oxydierter Niederschlagswässer und von ihrer verhältnismäßig schnellen Zirkulation in gut durchlässigen Schichten beeinflußt.

Der Einfluß stratigraphischer Komplexe auf die Grundwasserbildung, der ununterbrochene Zustrom von CO_2 mit seinem intensivsten Zentrum nordöstlich der Mineralwasserquellen, die ziemlich starken Zuflüsse von hochoxydiertem Wasser von W, all dies bildet die eigenartigen und vollkommen spezifischen Bedingungen für das Entstehen des Systems der kohlensäurehaltigen Mineralwässer von Františkovy Lázně.

Abb. 5. Anfangsphase der intermittierenden Eruption aus der hydrogeologischen Bohrung von Hájek. Zur Eruption kam es nach Durchbohrung des stark zerklüfteten serizitisierten Granits in einer Tiefe von 79 m.

Sehr interessante Angaben über den geologischen und hydrogeologischen Bau des Gebietes der Hájek-Depression brachten die Ergebnisse der hydrogeologischen Bohrungen in Hájek und Kateřina. Diese Bohrungen haben die Fortsetzung der kammartigen Aufwölbung im Untergrund des Beckens in der Richtung von Nebanice weiter nach NW bestätigt. Diese Aufwölbung wird durch sehr ausgeprägte tektonische Dislokationen begrenzt. Dies bestätigen die vulkanodetritische Schichtenfolge und das Austreten zahlreicher Quellen mineralisierter Säuerlinge längs der Brüche. Das Fehlen der Flözzone und der basalen tonig-sandigen Schichtenfolge (die Mächtigkeit des Tertiärs beträgt nur 48,0 m) schränkt die horizontale Migration von CO_2 ein und erhöht ihren vertikalen Druck. Deshalb sind auch die Austrittsintensität und die Menge von trockenem CO_2 im Gebiet von Hájek so hoch. Die Struktur des Untergrundes und die Verschiedenheit der hydrogeologischen Verhältnisse, die durch Bohrungen festgestellt wurden, bestätigen den unterschiedlichen Charakter des südlichen und nördlichen Beckens der Hájek-Depression. Die Konzentration der Mineralquellen im Südteil der Depression wird von deren größerer Tiefe und vom Bruchverlauf (SE—NW) bedingt. Eine scheinbare Konzentration der Gasaustritte in einem Streifen mit SW—NE-Streichrichtung wird durch die petrographische Beschaffenheit der Diatomeenschichten verursacht, die für die Bildung der Austrittswege günstiger ist als die moorigen Schichten in der Umgebung.

Ein wertvoller Beitrag zur Hydrogeologie des Gebietes ist der Fund radioaktiver (Radon-)Wässer im Granitgebiet nordwestlich von Skalná.

Die Klarstellung der allgemeinen geologisch-hydrogeologischen Verhältnisse des Cheb-Beckens und des umliegenden Kristallins hat eine Revision der Schutzzonen für die kohlensäurehaltigen Mineralwässer von Františkovy Lázně ermöglicht. Im Sinne der Richtlinien des Ministeriums für Gesundheitswesen und des Zentralamtes für Geologie (amtliche Mitteilungen des Úřední list, [Amtsblatt], H. 51, 1959) wurde ein Entwurf für drei Schutzzonen vorgelegt. Die Schutzzone der 1. Stufe schützt den Ort der Quellen vor allen Störungseinflüssen. Die Schutzzone der 2. Stufe schließt die Quellenstruktur der Mineralwässer ein und schützt ihr Regime vor ungünstigen direkten Einflüssen. Die sehr ausgedehnte Zone der 3. Stufe begrenzt das Infiltrationsgebiet und die infolge der durch den CO_2-Druckabfall im breiteren Entwicklungsgebiet der Säuerlinge in den tertiären Sedimenten erfolgende indirekte Beeinflussung der Mineralwässer des gefährdeten Gebietes. Die Schutzzone der 3. Stufe schließt den östlichen Teil des Grabens von Františkovy Lázně ein, der anscheinend von der Quellenstruktur von Františkovy Lázně durch eine Aufwölbung im Untergrund des Beckens abgetrennt worden ist. Diese Aufwölbung, in der die Cypris-Schiefer praktisch am kristallinen Untergrund des Beckens einsetzen, verhindert jedoch einen unmittelbaren Zusammenhang beider Teile des Grabens. Der Verlauf der Kontaktzone längs des ganzen Grabens von Františkovy Lázně schließt jedoch nicht die Möglichkeit aus, daß diese Zone im Untergrund des Beckens einen Zusammenhang besitzt, da das Kohlenflöz hier unmittelbar auf dem kristallinen Untergrund liegt. Die Herabsetzung des Gasdrucks infolge des Kohlenabbaus kann ziemlich erheblich sein und hat eine Senkung des piezometrischen Niveaus der kohlensäurehaltigen Grundwässer zur Folge, die sich im Hinblick auf die Entfernung von den Mineralquellen von Františkovy Lázně bis zu einem gewissen Zeitpunkt durch ein Absinken der Schüttung und im Verlauf der Zeit auch durch Änderungen in der chemischen Zusammensetzung der Mineralwässer zeigen wird.

Auf den ersten Blick sind die Aussichten für den Bergbau im Becken sehr ungünstig. Es zeigte sich, daß sich die Lagerstättenstruktur, ihre Qualität in den einzelnen Teilen und der Charakter der Vergasung durch CO_2 als von den früheren Ansichten, die nur auf unbegründete Vermutungen gegründet waren, sehr unterschiedlich erwiesen. Die außerordentlich schwierigen Abbaubedingungen im Cheb-Becken sind schon lange bekannt. Die Gefahren, die beim Abbau drohen, beurteilen wir auf Grund neuer Ergebnisse und im Lichte der gegenwärtigen Auffassung von der Struktur und den hydrogeologischen Verhältnissen im Braunkohlenbecken von Cheb jedoch ganz anders als früher. Die bisherigen grundlegenden Untersuchungen stellen nur die erste Etappe der Lösung der wichtigen Probleme des Abbaus im Cheb-Braunkohlenbecken dar. Sie haben wertvolle Unterlagen über die Lagerungsverhältnisse der Lagerstätten mineralischer Rohstoffe und über ihre technologischen Eigenschaften geschaffen und haben auch die vom Gesichtspunkt der hydrogeologischen Verhältnisse unterschiedlichen Braunkohlenlagerstätten gegenseitig abgegrenzt.

Die Vergasung der Lagerstätte durch CO_2 ist ein Hauptproblem des nördlichen und besonders des mittleren Teiles des Cheb-Beckens. Die Untersuchung hat bewiesen, daß die untere tonig-sandige Schichtenfolge im Becken von Františkovy Lázně und Oldřichov-Pochlovice ein Reservoir gespannter Säuerlinge und die Flözzone das Milieu für ihre Zirkulation ist. Die Frage des Kohlenabbaues in der Schutzzone der 3. Stufe ist nicht nur eine Frage der möglichen Gefährdung der Quellen von Františkovy Lázně, sondern des Abbaues unter ähnlichen Bedingungen überhaupt.

In der Lagerstätte von Odrava wird der Kohlenabbau vom hydrogeologischen Gesichtspunkte aus ein bedeutendes Problem mit sich bringen, und zwar das Vorhandensein der Drucksande im Hangenden und Liegenden der produktiven Schicht. Die Möglichkeit des Abbaues in einzelnen kleineren Abschnitten der Lagerstätte und den Grad der Gefährdung durch die Abbauarbeiten wird man nur auf Grund der Auswertung der Bohrungen beurteilen können. Bis heute ist der Faktor der sekundären Akkumulation in den Tertiärsedimenten, dessen Ursachen zweifellos in den strukturellen Bedingungen des Cheb-Beckens begründet sind und der das Gesamtbild des Charakters der Gasbildung in der Lagerstätte sehr verändern kann, nicht bekannt.

Zusammenfassung

Verf. schildert die Methoden und Ergebnisse der komplexen hydrogeologischen Untersuchungen im Cheb-(Eger-) Becken, die von Mitarbeitern der Geologischen Zentralanstalt der ČSSR durchgeführt wurden. Dieses Becken wurde von 1956—1961 als erstes systematisch und allseitig durchforscht.

Der hydrogeologischen Untersuchung gingen eingehende geologische Arbeiten zur Klärung der Grundprobleme der Stratigraphie und Tektonik des Gebietes voraus. Ihnen folgten komplexe geochemische, hydrochemische, geophysikalische und hydrogeologische Untersuchungen mit dem Ziel der allseitigen Klärung der hydrogeologischen und lagerstättenkundlichen Verhältnisse dieses Tertiärbeckens. Ein weiteres Ziel der Untersuchung war die Klärung des Ursprungs der Kohlensäurewässer des Gebietes und deren Verhältnis zum Grundwasser.

Резюме

Автор описывает методы и результаты комплексных гидрогеологических исследований в Хебском бассейне, проведенных сотрудниками Центрального Геологического Учреждения ЧССР. От 1956 до 1961 гг. этот бассейн первым подвергался систематическому и всестороннему исследованию.

До гидрогеологического исследования проводились обстоятельные геологические работы в пользу выяснения основных вопросов стратиграфии и тектоники района. Они сменялись комплексными геохимическими, гидрохимическими, геофизическими и гидрогеологическими исследованиями с целью всестороннего выяснения гидрогеологических и рудных условий этого третичного бассейна. Другая задача исследования заключалась в выявлении происхождения углекислых вод района и их связи с грунтовыми водами.

Summary

The author describes methods and results of complex hydrogeological investigations carried out in the Cheb (Eger) basin by collaborators of the Czechoslovak Central Geological Institute. This basin was the first to be systematically and universally explored from 1956—1961.

The hydrogeological investigation was preceded by detailed geological works to clarify the fundamental problems connected with the stratigraphy and tectonics of the area. They were followed by complex geochemical, hydrochemical, geophysical and hydrogeological investigations with a view to considering from every angle the hydrogeological and deposit conditions of this Tertiary basin. Another aim of the investigation was to make out the origin of the acidulous waters of the area and their relation to the ground water.

Literatur

AMBROŽ, V., P. ŠANTRŮČEK & A. MRÁZEK: Závěrečná zpráva základního výzkumu Chebské pánve za léta 1956—1957 (Schlußbericht über die grundlegende Erforschung des Cheb-Beckens in den Jahren 1956 bis 1957). — Geofonds, Prag 1958.

AMBROŽ, V., M. KOLÁŘOVÁ & M. LABOUTKA: Hydrogeologický výzkum Chebské pánve (Hydrogeologische Erforschung des Cheb-Beckens). — Geofonds, Prag 1961.

KOLÁŘOVÁ, M. & V. MACHÁČEK: Význam oxydace pyritu pro mineralisaci podzemních vod Chebské pánve (Bedeutung der Pyritoxydation für die Mineralisierung der Grundwässer des Cheb-Beckens). — Věstník ÚÚG, 37, Nr. 2, 1962.

Zur Entwicklung und zum Einsatz von Dextran als Schutzkolloid für Bohrspülungen[1]

E. P. MÜLLER, Gommern

(Mitteilung aus dem Forschungsinstitut für die Erkundung und Förderung von Erdöl und Erdgas, Gommern)

1. Einleitung

Beim Abteufen von Tiefbohrungen auf dem Gebiet der DDR treten insbesondere beim Durchdringen der Zechsteinsalzfolgen, die aus Natrium-, Kalium-, Magnesium- und Calciumsalzen bestehen, Spülungsschädigungen auf, die durch den Einsatz von geeigneten Schutzkolloiden verhindert oder behoben werden können. Die Anforderungen, die an diese Schutzkolloide gestellt werden, sind hohe Beständigkeit gegen den Einfluß von einwertigen und zweiwertigen Kationen, erhöhte Temperaturen sowie Widerstandsfähigkeit gegen bakteriellen Abbau. Die bisher zur Anwendung gelangten Schutzkolloide waren Carboxylmethylzelluloseprodukte verschiedener Viskosität und Stärkederivate, die mehr oder weniger den praktischen Anforderungen entsprachen.

Auf der Suche nach Ausweichmöglichkeiten, d. h. nach weiteren geeigneten Schutzkolloiden, wurden wir auf das von OWEN (1950) erwähnte Dextran aufmerksam, das in den USA in modifizierter Form als Schutzkolloid für Bohrspülungen Anwendung findet. Durch den Vergleich von Dextran mit einigen natürlichen Schutzkolloiden wie Stärke, Traganth, Gatthi und anderen Produkten stellte sich die Überlegenheit des Dextrans heraus. Auf Grund der in der Fachliteratur erwähnten guten Eigenschaften dieses Produktes führten wir umfangreiche Laboruntersuchungen und Feldtests durch, die die ausgezeichnete Eignung von Dextran in ausgesalzenen Tonspülungen als Schutzkolloid unter Beweis stellten.

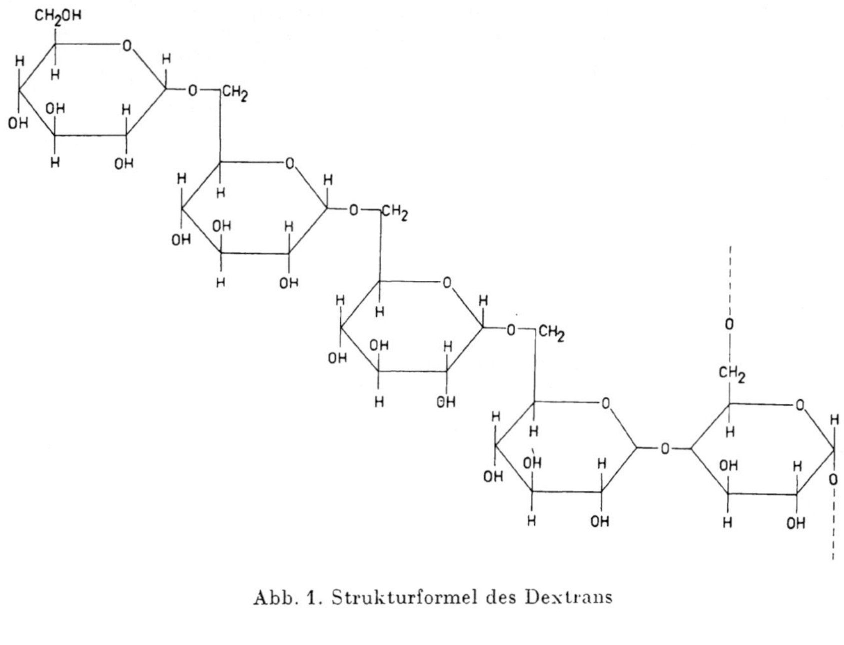

Abb. 1. Strukturformel des Dextrans

[1] Eingang des Manuskripts in der Redaktion: 26. 10. 1962

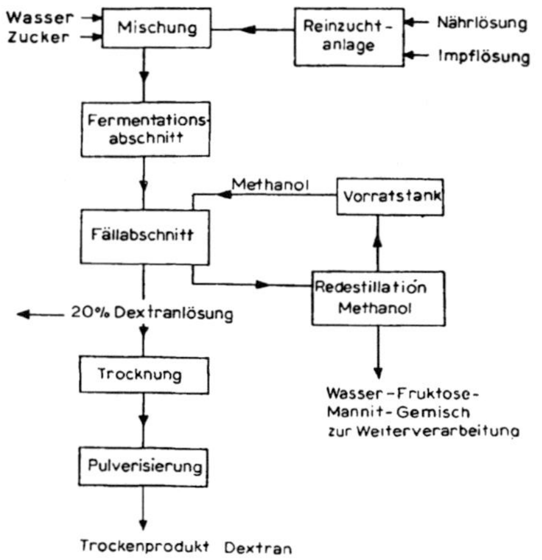

Abb. 2. Fließschema der technischen Dextransynthese

2. Chemische und physikalische Eigenschaften des Dextrans

Dextran ist ein Polysaccharid und steht chemisch in enger Beziehung zu den polymeren Kohlehydraten Stärke und Zellulose. Es entsteht durch bakterielle Einwirkung, insbesondere der *Leuconostoc-mesenteroides*-Gruppe auf Zuckerlösungen. Dextran ist ein Polymer einer durch α-1,6-Bindungen verknüpften Glukose mit gelegentlichen Verzweigungen von α-1,4-Bindungen. Seine chemische Formel ist $(C_6H_{10}O_5)_n$ (Abb. 1). Die Dextranmoleküle besitzen im nativen Zustand ein Molekulargewicht von mehreren hundert Millionen.

In der Mitte des 19. Jahrhunderts wurden Dextranbildungen in Zuckerfabriken beobachtet, wo sie als Schleim (sog. Froschlaichbildung) den Produktionsablauf wesentlich störten. Die Hauptanwendung von partiell abgebautem niedermolekularem Dextran liegt auf klinischem Gebiet als Blutersatzmittel.

Dextran-Wasserlösungen zeigen im pH-Bereich 4–7 und bei Temperaturen von 125°C keine wesentlichen Veränderungen. Im stark alkalischen Bereich und bei hohen Temperaturen tritt wie bei allen Zuckerarten ein Bräunen auf. Dextran ist in seinem Aufbau neutral. Auf Grund der großen Anzahl von OH-Gruppen vermag es sich an hydrophile Kolloide anzulagern und wirkt daher außerordentlich stabilisierend in Tonsuspensionen. Die Viskosität von Dextran fällt mit steigender Verdünnung ab. Sie folgt annähernd dem STAUDINGERschen Prinzip. Der Viskositätsverlauf ist proportional dem Molekulargewicht der Dextranmoleküle. Das Dextran zeigt hinsichtlich der Thixotropie eine gewisse Sonderstellung. Im höchstmolekularen Zustand erweist es sich als schwach negativ thixotrop, d. h., mit der Bewegung tritt ein Zäherwerden ein. Diese beschriebenen Eigenschaften gelten für Dextran jedes Molekulargewichtsbereichs. Durch Variation der Verfahrenstechnik können jedoch Verschiebungen auftreten. Dextran kann nur aus Saccharose mikrobiell gebildet werden, gemäß der Gleichung:

$$\text{Saccharose} \xrightarrow[\text{Sucrase}]{\text{Dextran-}} \text{Dextran} + \text{Fruktose}$$

3. Die Herstellung von Dextran

In Gemeinschaftsarbeit mit dem Institut für Verfahrenstechnik Leipzig (U. BEHRENS & M. RINGPFEIL) und dem VEB Serumwerk Bernburg (K. KRÜGER & W. TOPORSKI) konnte, fußend auf deren Entwicklungsarbeiten, eine Anlage zur Produktion von technischem Dextran in Betrieb genommen werden. Zur Herstellung von technischem Dextran können verschiedene Methoden angewandt werden. Das Ausgangsprodukt stellen in jedem Fall Zucker oder Produkte, in denen Saccharose angereichert ist, dar:

1. Bildung von hochmolekularem Nativdextran eines nicht genau zu definierenden Molekulargewichtsbereichs, wie es in Kulturlösungen von dextranbildenden Bakterien anfällt (MG allgemein über 1 Mill.);
2. durch Depolymerisation, Hydrolyse von Nativdextran und anschließender Fraktionierung in höher- und niedermolekulare Anteile;
3. durch gelenkte mikrobiologische Synthese, wodurch Dextrane definierter Molekulargewichtsbereiche gebildet werden können.

Da die Schutzkolloidwirkung des Dextrans vom Molekulargewicht abhängig ist, wurde von uns der Weg der gelenkten Synthese gewählt, um durch laborative Erprobung diese Abhängigkeit bei verschiedenem Elektrolyteinfluß und variierten Temperaturen festzustellen und damit betreffs des günstigsten Molekulargewichtsbereichs Hinweise für die Produktion geben zu können.

Die Herstellung von technischem Dextran wird nach dem Fließschema (Abb. 2) durchgeführt. Der dextranbildende Bakterienstamm *Leuconostoc mesenteroides* (R_1, VEB Serumwerk Bernburg) wird als Impflösung bezogen. Hiermit wird die Vorkultur, die als Kohlenstoffquelle Fruktose enthält, geimpft.

Die eigentliche Syntheselösung enthält neben üblichen Salzen und Eiweißhydrolysaten eine berechnete Menge Saccharose und Starterdextran. Sie wird in einem Mischkessel durch Aufkochen sterilisiert und zusammen mit der Vorkultur den Fermentationstanks zugeführt.

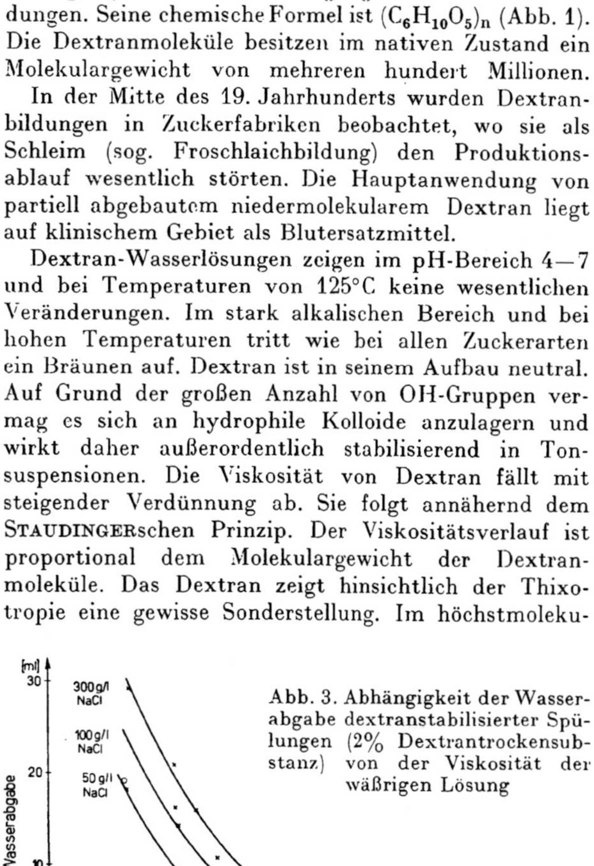

Abb. 3. Abhängigkeit der Wasserabgabe dextranstabilisierter Spülungen (2% Dextrantrockensubstanz) von der Viskosität der wäßrigen Lösung

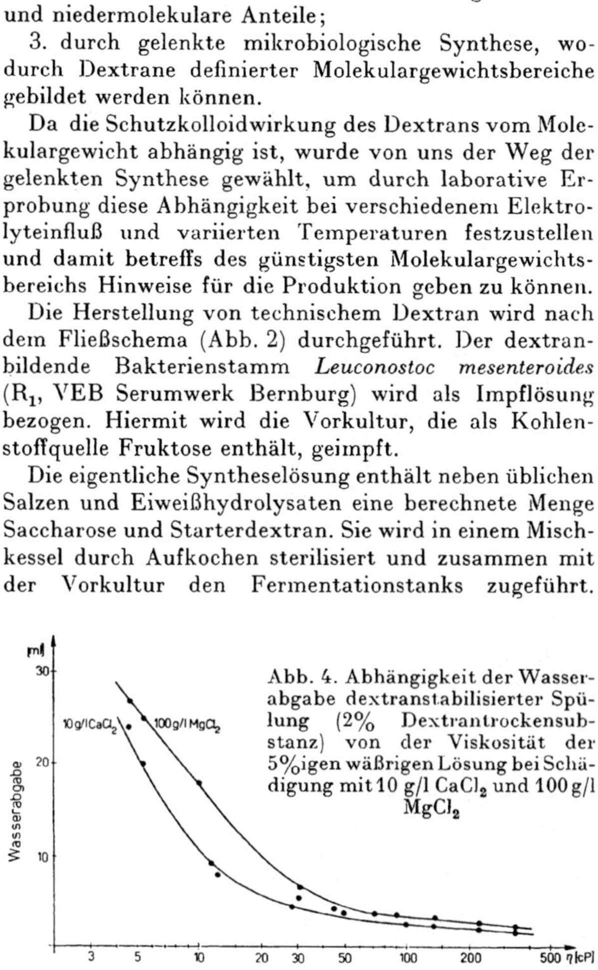

Abb. 4. Abhängigkeit der Wasserabgabe dextranstabilisierter Spülung (2% Dextrantrockensubstanz) von der Viskosität der 5%igen wäßrigen Lösung bei Schädigung mit 10 g/l $CaCl_2$ und 100 g/l $MgCl_2$

Nach 24—48 Stunden ist die Synthese beendet. Die Dextranlösung wird jetzt in Fälltanks gepumpt, wo durch Zusatz von Methanol oder Äthanol das Dextran ausfällt (Reinigungs- oder Fällabschnitt). Das ausgefällte Dextran wird vom Lösungsmittel (Methanol) befreit und kann entweder in Form der konzentrierten wäßrigen Lösung oder nach Trocknung zu Pulver als Schutzkolloid für Bohrspülungen verwandt werden.

Außerdem kann teilweise ein Zusatz von oberflächenaktiven Stoffen und eine Vernetzung mit Aldehyden erfolgen. Das zur Fällung verwandte Methanol wird kontinuierlich redestilliert und dem Prozeß wieder zugeführt.

Als Nebenprodukt bei der technischen Dextransynthese entsteht Fruktose, die in der pharmazeutischen Industrie, insbesonders für Diabetiker, Verwendung findet.

4. Laboruntersuchungen von Dextran als Schutzkolloid

Wie bereits oben erwähnt, war es zunächst notwendig, die Schutzkolloidwirkung von Dextran in Abhängigkeit vom Molekulargewicht zu untersuchen, um die günstigsten Bereiche auszuwählen. Die Bestimmung des Dextranmolekulargewichts im Gebiet über 100000 ist bereits problematisch, so daß zur Charakterisierung der Proben die Angabe der Viskosität einer 5%igen wäßrigen Lösung angewandt wurde. Als Grundspülung

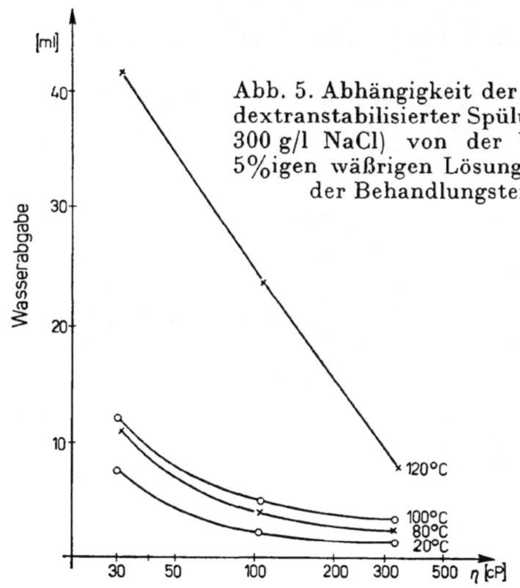

Abb. 5. Abhängigkeit der Wasserabgabe dextranstabilisierter Spülungen (2% Dx, 300 g/l NaCl) von der Viskosität der 5%igen wäßrigen Lösung bei Variation der Behandlungstemperatur

für die untenangegebenen Untersuchungen diente eine Tonspülung auf der Basis des illitischen Friedländer Blautons (mit 200 g Ton/l). Diese Untersuchungen wurden durch W. KLIPP (1961) durchgeführt. Aus Abb. 3, in der die Abhängigkeit der Wasserabgabe von dextranstabilisierten Spülungen (2% Dextrantrockensubstanz), von der Viskosität der 5%igen wäßrigen Lösung bei Elektrolyteinfluß von 50, 100 und 300 g/l NaCl dargestellt ist, ist ersichtlich, daß im niedermolekularen Bereich (5—15 cP) relativ schlechte Wasserabgabewerte auftreten. Gute Werte liegen im Bereich von 100—500 cP, was einem ungefähren Molekulargewicht von 200000 — 10^6 entspricht.

Abb. 4 zeigt die Schädigung dextranstabilisierter Spülungen mit 100 g/l $MgCl_2$ und 10 g/l $CaCl_2$. Hier

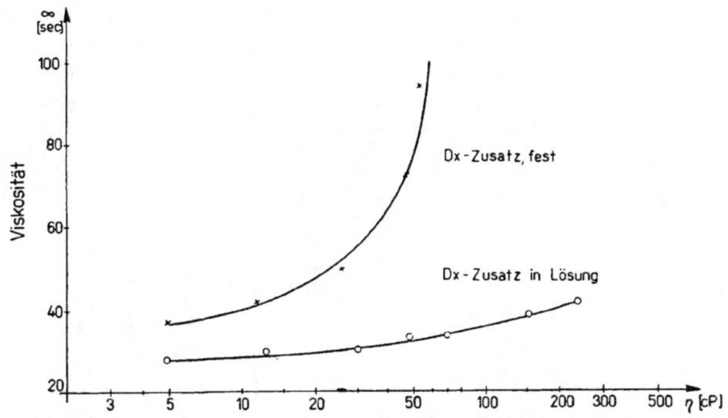

Abb. 6. Abhängigkeit der Viskosität dextranstabilisierter Spülungen (2% Dextrantrockensubstanz, 300 g/l NaCl) von der Viskosität der 5%igen wäßrigen Lösung bei unterschiedlicher Zugabeart

tritt die gleiche Tendenz des Kurvenverlaufs wie in Abb. 3 auf. Ein analoges Verhalten ist bei der Variation der Behandlungstemperatur, die in Abb. 5 dargestellt wird, festzustellen.

Schlußfolgernd kann man sagen, daß Dextrane mit einem mittleren bis hohen Molekulargewicht (Viskosität der 5%-Lösung 200—500 cP) als Schutzkolloide für ausgesalzene Spülungen sehr gut einsetzbar sind. Hinsichtlich des Viskositätsverhaltens von dextranstabilisierten Spülungen ist festzustellen, daß bei der Zugabe von Dextran als Trockenprodukt, ähnlich wie bei CMC-Zugabe bei höhermolekularen Produkten in ausgesalzenen Spülungen, ein stärkerer Viskositätsanstieg zu verzeichnen ist. Besser ist eine Zugabe von Dextran in Form einer 10%igen Lösung in die Spülung, wie aus Abb. 6 ersichtlich ist. Die Wasserabgaben werden beim Einsatz einer Lösung nur unwesentlich verändert.

Für unsere weiteren Untersuchungen wurde Dextran mit einem Molekulargewicht von ca. 700000 — 10^6 (entspricht der Viskosität der 5%igen Lösung von 200—500 cP) verwandt.

In mit 300 g NaCl/l ausgesalzenen Tiefbohrspülungen auf der Basis von ungarischen Bentoniten (4%), die mit Schwerspat auf eine Dichte von 1,8 g/cm³ beschwert wurden, wurde die Wasserabgabe als Funktion der Thermostabilität untersucht. Verglichen wurden zwei

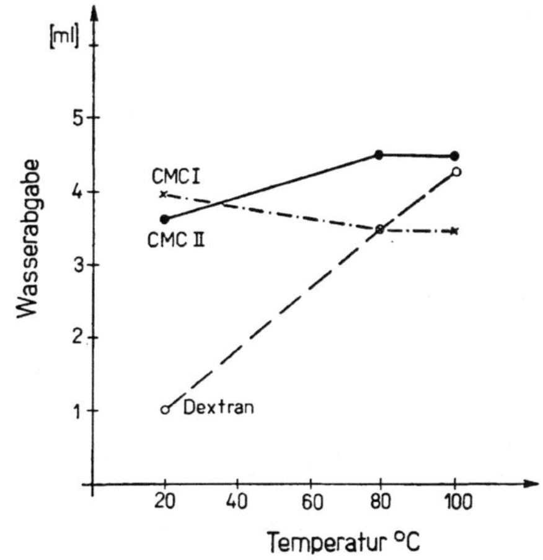

Abb. 7. Wasserabgaben von Tiefbohrspülungen (Bentonit, Baryt) in Abhängigkeit von der Temperatur (8 Stunden; statische Messung)

Tabelle. Vergleich von Dextran mit CMC im Zeitversuch bei erhöhten Temperaturen

	Temp. (°C)	Zeit (Std.)	Dichte (g/cm³)	Visk. (sec)	F_0	F_{10} (dyn/cm²)	Th	WA (ml)	Kr (mm)	pH	Stabilität (g/cm³)
Dextran	–	0	1,91	227	30	88	58	3,0	1,6	6,6	–
	80	75	1,96	160	8	32	24	2,0	1,4	5,7	0
	100	76	1,96	43	10	34	20	4,0	1,7	5,9	0
CMC I	–	0	1,84	205	60	72	12	2,4	1,3	7,4	–
	80	76	1,80	186	20	35	15	1,0	1,0	5,0	0
	100	76	1,80	90	16	28	12	3,0	1,5	5,1	0
CMC II	–	0	1,91	107	12	14	2	1,9	1,2	5,7	–
	80	76	1,92	113	8	14	6	1,6	1,3	5,0	0
	100	76	1,92	50	5	13	8	3,6	2,9	5,0	0

Typen hochwertiger CMC-Produkte mit Dextran (Einsatzmenge jeweilig 4% Trockensubstanz) hinsichtlich ihrer Schutzkolloidwirkung. Aus Abb. 7 ist zu entnehmen, daß mit Dextran bis etwa 70°C bessere Schutzkolloideigenschaften auftreten. Von diesem Punkt an laufen die Werte parallel. Die Wirkung von Dextran als Schutzkolloid im Vergleich zu zwei hochwertigen CMC-Produkten wurde ebenfalls in Zeitversuchen untersucht.

Die Ausgangsspülung bestand jeweilig aus 4% Bentonit (4% Schutzkolloid fest), 300 g/l NaCl und 1,5 kg Baryt. Die Versuche wurden durch Behandlung im Autoklaven bei 80°C und 100°C unter statischen Bedingungen 76 Stunden lang durchgeführt. Das Ermitteln der Spülungsmeßwerte erfolgte vor und nach der Autoklavenbehandlung. Die Tabelle gibt Aufschluß über die resultierenden Werte. Dabei zeigt es sich, daß mit Dextran gleichartige Schutzwirkungen wie bei den eingesetzten CMC-Produkten erzielt werden.

Nach unseren Erfahrungen und Laboruntersuchungen kann Dextran ohne weiteres bis zu Temperaturen von 120°C in Bohrspülungen eingesetzt werden. Weitere Untersuchungen zur Verbesserung der Thermostabilität durch den Einsatz von modifizierten Dextranen laufen noch, wobei sich bereits bei nichtausgesalzenen Spülungen gute Wasserabgaben noch bei 180°C (statisch gemessen) zeigten.

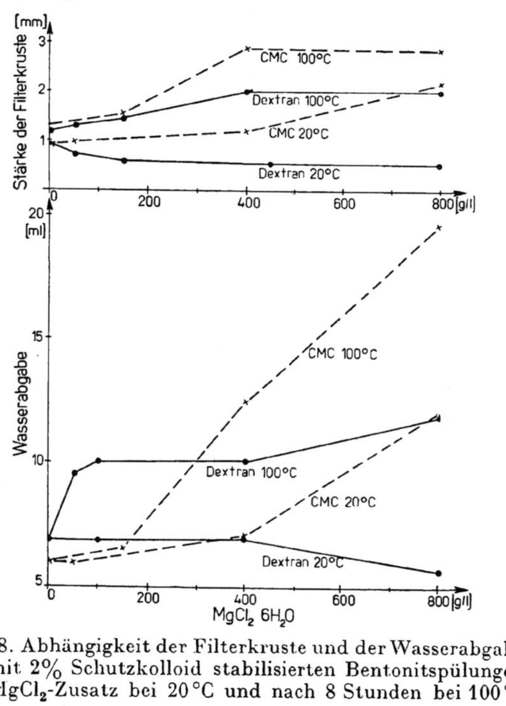

Abb. 8. Abhängigkeit der Filterkruste und der Wasserabgabe von mit 2% Schutzkolloid stabilisierten Bentonitspülungen von $MgCl_2$-Zusatz bei 20°C und nach 8 Stunden bei 100°C

Dextran bildet mit zweiwertigen Kationen keine Salze, wie das z. B. bei CMC-Produkten der Fall ist. Daher ist bei dextranstabilisierten Spülungen eine bessere Schutzkolloidwirkung gegenüber Mg-Salzen vorhanden. In Abb. 8 sind unter gleichartigen Bedingungen untersuchte CMC- und dextrangeschützte Bentonitspülungen dargestellt. Es zeigt sich, daß sowohl die Werte der Filterkruste wie die der Wasserabgaben von dextrangeschützten Spülungen besser sind.

Wie bereits Owen (1953) angibt, hat es sich gezeigt, daß insbesonders die aldehydmodifizierten Dextrane im Gegensatz zur Stärke keinen wesentlichen bakteriellen Abbau im Bohrloch zeigen. Dieser bakterielle Abbau, der auch in ausgesalzenen Spülungen durch halophile Bakterien auftreten kann und sich besonders bei Stillstandszeiten und in den Spülungstanks vollzieht, wurde bei Dextran nicht beobachtet.

5. Erprobung von dextrangeschützten Spülungen im Bohrfeld

Auf Grund der umfangreichen Laboruntersuchungen konnten verschiedene Rezepturen von dextrangeschützten Spülungen im Bohrfeld erprobt werden. Insbesondere wurden diese Rezepturen beim Durchteufen der anhydritischen und salzführenden Horizonte des Zechsteins im Thüringer Becken und im nordöstlichen Gebiet der DDR eingesetzt. Es handelt sich zum größten Teil um mit Natriumchlorid gesättigte und dextrangeschützte Bentonitspülungen, die mit Baryt bis zu einer Dichte von 1,8 g/cm³ beschwert wurden. Eingesetzt wurden 6% ungarischer Natriumbentonit und 1–2% Dextran.

Die durchschnittlichen Spülungswerte beim Durchteufen der Salzhorizonte betrugen:

Wasserabgabe 7 atü:	3–5 ml
Viskosität:	40 sec
Dichte:	1,5–1,8
Filterkruste:	0,5 mm
pH-Wert:	6–8
Sandgehalt:	1–3%
statische Schubspannung:	$T_0 = 28$
	$T_{10} = 63$
Thixotropie:	35 dyn/cm³

Bei der Durchführung von Feldtests konnte festgestellt werden, daß zum Erreichen der Schutzkolloidwirkung nur 1–2% Dextran im Gegensatz zu CMC-Produkten, bei deren Einsatz 4% notwendig sind, genügten. Weiterhin wurde eine Erhöhung des Bohrfortschritts und eine Verlängerung der Meißelstandzeiten beobachtet.

Aufbauend auf den von uns durchgeführten Untersuchungen kann gesagt werden, daß sich Dextran ausgezeichnet als Schutzkolloid für Bohrspülungen eignet und beim Vergleich mit hochwertigen CMC-Produkten diese in der Beständigkeit gegen zweiwertige Kationen, wie Calcium und Magnesium, überragt. Durch weitere wissenschaftliche Untersuchungen sind wir bestrebt, das Dextran durch Modifikation in seinen günstigen Eigenschaften als Schutzkolloid zu verbessern, um es den immer härter werdenden Verhältnissen in tiefen Bohrlöchern anzupassen.

Zusammenfassung

Die Entwicklung sowie technische Produktion von Dextran wird kurz geschildert. An Hand von Laborergebnissen sowie Feldtests werden Schlußfolgerungen für die Eignung als Schutzkolloid in Bohrspülungen gezogen.

Резюме

Кратко описываются разработка и техническое производство декстрана. На основе лабораторных результатов и полевых испытаний делаются выводы для его пригодности в качестве предохранительного коллоида в буровых растворах.

Summary

The development and industrial production of Dextran is briefly reviewed. Laboratory results as well as field tests enable to draw conclusions for its suitability as protective colloid in drilling muds.

Literatur

BEHRENS, U., M. RINGPFEIL u. a.: Die technische Herstellung von klinischem Dextran durch gelenkte Synthese in wachsender Kultur. — J. of Biochem. and Microbiolog. Technol. and Eng., 3, 2, S. 199–218 (1961).

KLIPP, W.: Dextran in Dickspülungen. — Unveröff. Bericht, Zentrallabor Gommern (1961).

OWEN, W. L.: Dextran as a preventive of water loss in oil well drilling muds. — World Petroleum, Nov. 1950.

— Resistance of modified Dextran to microbiol. deterioration. — World Petroleum, Oct. 1953, S. 76–78.

ROGERS, W. F.: Composition and properties of oil-well drilling fluids. — Houston/Texas 1953.

Konferenz für kernphysikalische Methoden in der Geophysik

(Kraków, 24.—29. September 1962)

KLAUS LEHNERT, Gommern

Die in der Zeit vom 24. bis 29. 9. 1962 in der Berg- und Hüttenakademie Kraków vom Institut für Kerntechnik dieser Akademie und der Nationalkommission für technische Isotopenanwendung in der VR Polen veranstaltete Konferenz für kernphysikalische Methoden in der Geophysik (Zjazd geofizyków jadrowych) war die erste ihrer Art überhaupt. Auf der Konferenz waren die folgenden Länder vertreten: Polen, UdSSR, USA, ČSSR, Bulgarien, Rumänien, Ungarn, Großbritannien, Österreich, DDR. Es wurden 42 Vorträge gehalten, die sich in folgender Weise auf Sachgebiete und Teilnehmerländer aufgliederten:

Natürliche Gammastrahlung (in Bohrlöchern oder an der Oberfläche gemessen)	8
Gamma-Gamma-Bohrlochmessung	3
Bohrlochmeßverfahren mit „natürlichen" Neutronenquellen oder Neutronengeneratoren	11
Spektrometrische Bohrlochmeßverfahren	3
Schnellanalysen von Erz- und Gesteinsproben mittels Aktivierungs- oder Fluoreszenzverfahren	5
Kernphysikalische Bodenuntersuchungen	5
Sonstige Themen	7

Polen	16
UdSSR	11
USA	6
Rumänien	4
DDR	2
ČSSR, Ungarn, Bulgarien je	1

Wie die erste Übersicht zeigt, dominierten unter den Tagungsthemen die Verfahren, bei denen Neutronenreaktionen untersucht bzw. ausgenutzt werden. Während die Leistungsfähigkeit des ältesten derartigen Verfahrens, nämlich der Neutron-Gamma-Bohrlochmessung, nahezu erschöpft ist, eröffnet die einzelne Registrierung bestimmter Spektralbereiche der beim Neutroneneinfang im Gestein emittierten Gammastrahlung bzw. die Aufnahme ganzer Gammastrahlenspektren als moderne Version der Neutron-Gamma-Messung vielfältige neue Möglichkeiten, z. B. zum Nachweis bestimmter, anderweitig gar nicht erkennbarer Elemente (wie Fe, Ca, Mn) im Gestein. Noch leistungsfähiger sind Verfahren, bei denen hochenergetische Neutronen mittels eines nach einer D-T-n-Reaktion arbeitenden Neutronengenerators erzeugt werden. Die Messung der Neutronendichte bzw. Einfangstrahlung solcher Neutronengeneratoren nach vorgegebenem Zeitregime im Bohrloch [Impuls-Neutronenverfahren; vgl. hierzu die Besprechungen YOUMANS & ZIMMERMANN, Z. ang. Geol. **6**, (1960) 7, S. 354, und SAPOROSHEZ & SULIN, Z. ang. Geol. **8** (1962) 1, S. 52] ist zweifellos eines der interessantesten und vielversprechendsten Themen der modernen Bohrlochradiometrie. Derartige Verfahren lassen einerseits den Nachweis bestimmter Elemente im Gestein, andererseits auch die Bestimmung der Öl- und Wassersättigungen, der Porosität u. a. zu.

Entsprechende Geräte konnten bisher nur in der UdSSR und den USA in Betrieb genommen werden; beide Länder waren auch mit Tagungsvorträgen über einschlägige Themen vertreten. Im Verlauf der von sowjetischer wie amerikanischer Seite sehr rege geführten Diskussionen stellte sich heraus, daß die Entwicklung von Bohrloch-Neutronengeneratoren zwar sehr weit fortgeschritten ist und zahlreiche Bohrlochmessungen mit solchen Geräten vorliegen, daß aber ein endgültiger, routinemäßiger Einsatz bisher weder in den USA noch in der UdSSR geschieht. — Mehrere Vorträge behandelten die Theorie der räumlichen und zeitlichen Verteilung von Neutronen im Gebirge.

Interessant und wertvoll für den deutschen Teilnehmer waren vor allem auch die der schnellen Analyse von Gesteinen und Erzen gewidmeten Vorträge. Moderne, Neutronenaktivierungsanalysen und Röntgenfluoreszenzmessungen ausnutzende Verfahren gestatten die Bestimmung von Gehalten an Si, Mn, Al und anderen Elementen an kleinen Proben in ungleich kürzerer Zeit als die herkömmlichen chemischen Untersuchungsmethoden. Sie werden daher im Ausland in steigendem Umfang zur laufenden Kontrolle der Qualität von Erzen, Bauxiten usw. z. T. direkt am Gewinnungsort eingesetzt. Die Vorteile solcher Verfahren werden am besten dadurch illustriert, daß z. B. ein automatisch arbeitendes, Aktivierungsanalysen mittels im Generator erzeugter Neutronen ausführendes Gerät pro Stunde 40 Proben von je 1,5 g Masse auf Al-Gehalte untersuchen kann, wobei eine Genauigkeit von $\pm 0{,}05\%$ Al erzielt wird.

Eine Gesamteinschätzung der Tagungsvorträge läßt sehr deutlich die Tendenz erkennen, daß an die Stelle der bisherigen summarischen Registrierung radiometrischer Größen und ihrer mehr oder weniger empirischen Auswertung zu lagerstättenkundlichen, bodenkundlichen oder geophysikalischen Zwecken das Herausgreifen und die sorgfältige, theoretisch untermauerte Analyse einzelner, selektiv gemessener Strahlungskomponenten tritt. Durch solche Messung bestimmter Energiebereiche der Neutronen- oder Gammastrahlung, die natürlichen Ursprungs sein oder durch Reaktionen mit den das Gestein aufbauenden Atomkernen gestreut, geschwächt oder künstlich erzeugt sein kann, lassen sich Rückschlüsse quantitativer Art auf die an den jeweiligen Reaktionen beteiligten Elemente ziehen, was zweifellos noch eine umfangreiche Entwicklung der kernphysikalischen Meßmethoden der Geophysik erwarten läßt. — Die Tagungsvorträge sollen von den Veranstaltern in kürzester Frist veröffentlicht werden.

Besprechungen und Referate

MEINHOLD, R.

Erdölgeologie

Akad.-Verl., Berlin 1962; 227 S., 95 Abb., 19 Tab.

Der Akademie-Verlag, Berlin, hat innerhalb der „Schriftenreihe des praktischen Geologen" obiges Buch herausgebracht und damit eine spürbare Lücke auf diesem Sektor geschlossen. Seit den 30er Jahren (BLUMER 1922, ENGLER-HÖFER 1930, STUTZER 1931) ist bei aller sonst festzustellenden regen Publikationstätigkeit auf erdölgeologischem Gebiet deutscherseits kein zusammenfassendes Werk mehr erschienen. Es ist das Verdienst MEINHOLDS, in diesem vorliegenden Band in der Form von Grundzügen die wesentlichen theoretischen Erkenntnisse und ihre Bedeutung für die Praxis herausgearbeitet zu haben. Von besonderem Interesse sind seine Ausführungen über die „Erdölgeologie Deutschlands mit besonderer Berücksichtigung der DDR", denen allein 48 Seiten gewidmet sind. Hier werden unter erdölgeologischen Gesichtspunkten die wichtigsten stratigraphischen und tektonischen Grundzüge aufgezeigt und die typischen Lagerstätten besprochen. Die Behandlung der Lagerstätten im Gebiet der DDR faßt die bereits an anderen Stellen veröffentlichten Arbeiten des Verf. zusammen.

Auf den letzten 21 Seiten werden einige Beispiele typischer Erdöllagerstätten aus aller Welt beschrieben und abgebildet. Dadurch wird das Bild für den Leser auch in dieser Hinsicht abgerundet.

Die Schriften dieser Reihe haben den Zweck, die in der Praxis stehenden Geologen in grundsätzlichen Fragen eines Spezialzweiges ihrer Wissenschaft zu orientieren. Verständlicherweise bringt diese Aufgabe für die Verf. Beschränkungen mit sich. MEINHOLD ist diesen vollauf gerecht geworden, ohne zu einer wesentlichen Einschränkung der wissenschaftlichen Substanz zu gelangen. Allerdings wird hinsichtlich der Definition von „Lagerstätten" und „Lagern" nebst den entsprechenden Ableitungen „Lagerstättenenergie" usw. eine bereits ungebräuchlich gewordene Nomenklatur angewandt, obwohl BROD, JEREMENKO u. a. im Literaturverzeichnis zitiert werden.

Alles in allem ist die vorliegende „Erdölgeologie" nicht nur ein lesenswertes und nützliches, sondern ein notwendiges Buch für Geologen in der Praxis, für Studenten und für jeden, der sich in Grundzügen orientieren will.

K. KAUTER

BIZAL, R. B.

(as-storage capacity spurts

„The Oil and Gas Journal", Mai 1962, S. 125—127, 131, 133—134, 136—138

Die zum achten Male erscheinende Jahresstatistik des OGJ über die unterirdische Gasspeicherung in den USA erfaßt 241 Speicherfelder, die von insgesamt 61 Gesellschaften betrieben werden (206 Felder) bzw. noch im Stadium der Planung und Projektierung sind (35 Felder). Für nahezu sämtliche Speicher werden detaillierte Angaben über effektive Kapazität, Kissengasanteil und Gesamtkapazität mitgeteilt.

Das Gesamtvolumen der vornehmlich der Erdgasbevorratung dienenden Anlagen wird für das Jahr 1962 mit 3,56 Trillionen cft. angegeben (100,8 $\times 10^9$ m^3). Davon entfallen 1,85 Trillionen cft. (52,4 $\times 10^9$ m^3) auf die Entnahmekapazität und 1,71 Trillionen cft. (48,4 $\times 10^9$ m^3) auf Kissengas. Bisher wurden von der Gasindustrie rd. 900 Millionen $ bei unterirdischen Speicherprojekten investiert.

In insgesamt 23 Bundesstaaten befaßt man sich mit der Untergrundgasspeicherung (in Colorado, Maryland, Utah und Washington ist z. Z. allerdings nur jeweils ein Projekt geplant bzw. in der Entwicklung). An der Spitze liegen naturgemäß die Oststaaten, da hier infolge intensiver Raumheizung eine besonders hohe Winterspitze aufgefangen werden muß. Ein Viertel der in Betrieb befindlichen Speicher liegt in Pennsylvanien. Es folgen West Virginia (36), Ohio und Kansas (je 15), New York (14), Michigan (12), Kentucky (10), Indiana und Texas (je 9), Illinois und Oklahoma (je 6) sowie New Mexiko, Californien und Montana (je 4). Jeweils zwei Speicher werden z. Z. in Arkansas, Mississippi, Missouri und Wyoming betrieben. Betrachtet man die Gesamtspeicherkapazität, so liegt Pennsylvanien mit 16,7 $\times 10^9$ m^3 an erster Stelle und es folgen Michigan (13,2 $\times 10^9$ m^3), West Virginia (10,7 $\times 10^9$ m^3), Ohio (10,4 $\times 10^9$ m^3) und Illinois (9,6 $\times 10^9$ m^3).

Nach wie vor entfällt der Hauptanteil auf erschöpfte Gas- bzw. Ölfelder, die in Untergrundspeicher umgewandelt wurden. Zunehmende Bedeutung erlangt jedoch der Aquifer-Typ (wasserführende Speicherhorizonte) vornehmlich in Illinois, Indiana und Iowa. Die Kapazität dieser Speicher ist häufig sehr groß. In der Herscher-Antiklinale (90 km südwestl. Chicago) besitzt die Natural Gas Storage Co. of Illinois ein effektives Speichervolumen von 1,27 $\times 10^9$ m^3 im Galesville-Sandstein (Inbetriebnahme 1953), und für den später im Liegenden aufgeschlossenen Mt.-Simon-Sandstein werden 1,1 $\times 10^9$ m^3 angegeben. Der Anteil des Kissengases beträgt im ersten Fall 50% und im 2. Horizont etwa 40%. Die Gesamtkapazität für beide Horizonte des Herscher-Aquifers ist rd. 4,4 $\times 10^9$ m^3. Für das langfristig entwickelte Waverly-Feld (Panhandle Eastern Pipe Line Co.) wird die Gesamtkapazität mit 2,55 $\times 10^9$ m^3 angegeben. Ähnliches gilt für die Aquifer-Projekte in Iowa. Diese Felder sind demzufolge ausgesprochene Grundlastspeicher.

Die Projekte, bei denen andere Möglichkeiten auf ihre Brauchbarkeit geprüft werden, sind kurz erwähnt:

Erdgasspeicherung in Salzhöhlungen; im Jahre 1959 begonnenes Projekt der South-Eastern Michigan Gas Co. in St. Clair County mit einer effektiven Kapazität von 9,7 $\times 10^6$ m^3 und einem Kissengasanteil von 1,3 $\times 10^6$ m^3. Für die Flüssiggasspeicherung wird dieses Verfahren seit geraumer Zeit erfolgreich angewandt.

Weiterführung der Versuche der Northern Illinois Gas Co. bei Chicago zur Gasspeicherung bei söhliger Lagerung, „water wall"-Methode.

Projekt der Public Service Co. of Colorado zur Erdgasspeicherung in einer aufgegebenen Kohlengrube im Gebiet von Denver, Jefferson County, effektive Kapazität 57 $\times 10^6$ m^3, Kissengas 28 $\times 10^6$ m^3.

Aus den Angaben über die Untergrundgasspeicherung in Kanada (Alberta, Ontario, Saskatchewan) geht hervor, daß in Ontario weitere Projekte geplant sind. Kanada verfügt unter Einschluß der in Kürze fertiggestellten Projekte über 3,1 $\times 10^9$ m^3 Gesamtkapazität (2 $\times 10^9$ m^3 effektive Kapazität; 1,1 $\times 10^9$ m^3 Kissengas). Durch die geplanten Anlagen ist mit einer Zunahme des Gesamtvolumens auf 5,7 $\times 10^9$ m^3 zu rechnen, wobei 3,7 $\times 10^9$ m^3 auf die Entnahmekapazität entfallen.

W. LANGE

Autorenkollektiv

Das Karbon der Subvariscischen Saumsenke
Teil 1: Der Kulm und die flözleere Fazies des Namurs

„Fortschr. Geol. Rheinl. u. Westf.", Bd. 3, Teil 1, Krefeld 1960; 422 S., 117 Abb., 22 Tab.

Der erste Band dieses Symposiums über eine der wirtschaftlich wichtigsten geotektonischen Einheiten Mitteleuropas liegt seit längerem vor. Er enthält außer wichtigen Spezialarbeiten eine gute zusammenfassende Darstellung der Gesamtproblematik. Die unter günstigeren faziellen (Fossilinhalt) und Aufschlußbedingungen erarbeiteten stratigraphischen, paläogeographischen und tektonischen Ergebnisse ermöglichen z. T. Vergleiche mit den auf dem Gebiet der DDR ausgebildeten bzw. bekannten Teilen der Saumsenke.

In Westdeutschland besteht wirtschaftliches Interesse an Gesteinen des Kulms und des flözleeren Namurs im Hinblick auf „. . . größere Bauprojekte, insbesondere Talsperren und Kavernen . . ." (S. VI) und mögliche Gas- und Kondensatlagerstätten (nordwestliche Teile der Saumsenke).

Der Band ist HERMANN SCHMIDT, dem verdienstvollen Erforscher der Stratigraphie und Paläogeographie des Oberdevons und Kulms, gewidmet.

Er enthält folgende Arbeiten:

KRONBERG, P., A. PILGER, A. SCHERP & W. ZIEGLER: Spuren altvariscischer Bewegungen im nordöstlichen Teil des Rheinischen Schiefergebirges. — S. 1.

MEISCHNER, K.-D.: Zur altvariscischen Faltung im nördlichen Kellerwald. — S. 47.

RABIEN, A.: Zur Ostracoden-Stratigraphie an der Devon/Karbon-Grenze im Rheinischen Schiefergebirge. — S. 61.

VÖHRINGER, E.: Die Goniatiten der unterkarbonischen *Gattendorfia*-Stufe im Hönnetal (Sauerland). — S. 107.

VOGES, A.: Die Bedeutung der Conodonten für die Stratigraphie des Unterkarbons I und II (*Gattendorfia*- und *Pericyclus*-Stufe) im Sauerland. — S. 197.

WALLISER, O. H.: Zum Alter des jüngsten Diabas-Vulkanismus in der Lahn- und Dill-Mulde. — S. 229.

KULICK, J.: Zur Stratigraphie und Paläogeographie der Kulm-Sedimente im Eder-Gebiet des nordöstlichen Rheinischen Schiefergebirges. — S. 243.

KULICK, J.: Driftmarken im Kulm des Edersee-Gebietes. — S. 289.

TEICHMÜLLER, R.: Ein rezentes Analogon zu den Driftmarken im Kulm des Edersee-Gebietes? — S. 297.

HORN, M.: Der erste Nachweis von Oberkarbon in der Attendorn—Elsper Doppelmulde des Rheinischen Schiefergebirges. — S. 301.

HORN, M.: Die Zone des *Eumorphoceras pseudobilingue* im Sauerland. — S. 303.

PATTEISKY, K. & L. SCHÖNWÄLDER: Das tiefere Namur nördlich von Wuppertal. — S. 343.

BOUCKAERT, J. & G. HERBST: Zur Gliederung des Namurs im Aachener Gebiet. — S. 369.

PAPROTH, E.: Der Kulm und die flözleere Fazies des Namurs. Stand der Untersuchungen und offene Fragen. — S. 385.

Der Nachweis altvariscischer (bretonischer) Bewegungen an der Grenze Devon/Karbon auch im nordöstlichen Rheinischen Schiefergebirge entspricht den Verhältnissen in südlicheren Bereichen der variscischen Geosynklinale. Durch Conodonten-Untersuchungen ließen sich Schichtlücken zwischen oberem Dasberg und tiefem Visé nachweisen. Auch im Kleingefüge war eine doppelte Faltung (alt- und mittelvariscisch) zu belegen.

Von Bedeutung sind die stratigraphischen Ergebnisse, die mit Hilfe von Goniatiten, Ostracoden und Conodonten erzielt wurden. Die Haupteruptionsphase des Deckdiabasvulkanismus ließ sich in die *Pericyclus*-Stufe einordnen. Im Mittel- und Unterharz ist die vulkanische Haupttätigkeit wohl älter (Oberdevon). In der Kulmgrauwacke war durch Orientierungsmessungen von Geröllen und Driftmarken die Schüttungsrichtung festzustellen (von SE bis E). Interessant ist, daß in der Attendorn—Elsper Doppelmulde Konkordanz zwischen Unter- und Oberkarbon herrscht. Eine sudetische Faltung ließ sich nicht nachweisen.

Nach E. PAPROTH zeigte der Nordsaum der variscischen Geosynklinale (zwischen Old-red-Land und Mitteldeutscher Schwelle) seit der *Goniatites*-Stufe (Dinant III) alle Merkmale einer typischen Saumtiefe (der Trog wandert auf das Vorland zu, innerer Rand steiler als äußerer, Wechsel der Sedimentation von Flysch über marine zu Süßwassermolassen mit Kohleführung, Fehlen nennenswerter vulkanischer Einschaltungen). E. SCH.

HAWKES, H. E. & J. S. WEBB

Geochemistry in Mineral Exploration

„Harpers Geoscience Series", Harper & Row, Publishers, New York & Evanston 1962, 415 S., 184 Abb., 54 Tab., Ganzl. $ 12,50

Bei der Suche nach Lagerstätten, die nicht zu Tage ausgehen, haben neben modernen strukturgeologischen, geophysikalischen und neuerdings photogeologischen Methoden die geochemischen Verfahren zunehmend an Bedeutung gewonnen.

Es verwundert daher nicht das Bemühen hervorragender Geochemiker, die in jahrzehntelanger Arbeit auf der ganzen Welt gesammelten Erfahrungen bei geochemischen Sucharbeiten, bei denen die UdSSR und die skandinavischen Länder Pionierarbeit geleistet haben, zusammenfassend und verallgemeinernd darzustellen. Erste Versuche in dieser Richtung haben vor allem I. I. GINSBURG („Grundlagen und Verfahren geochemischer Sucharbeiten auf Lagerstätten der Buntmetalle und seltenen Metalle", 1957[1])) und H. E. HAWKES („Principles of Geochemical Prospecting", 1957) unternommen.

Aufbauend auf diesen beiden Arbeiten stellt das vorliegende Werk eine gelungene Synthese von Theorie und praktischer Anwendung geochemischer Suchverfahren dar und spiegelt die reiche Erfahrung der beiden Autoren wider, die sie in den verschiedensten Klimazonen des nordamerikanischen Kontinents, Afrikas und Asiens sammeln konnten.

Wenn auch die Autoren einleitend darauf hinweisen, daß es sich bei vorliegender Arbeit nur um eine Einführung, nicht aber um ein Handbuch der angewandten Geochemie handelt, so ist ihnen sowohl das erste als auch das letztere, nämlich in Form eines umfangreichen Literaturverzeichnisses mit allen bedeutenden modernen Spezialarbeiten, gelungen. Gerade im Hinblick auf die modernen Arbeiten kann die Literaturzusammenstellung als weitgehend vollständig, auch hinsichtlich der Erwähnung sowjetischer Arbeiten, bezeichnet werden. Von den 421 erfaßten Arbeiten sind 44 mit prinzipieller Bedeutung besonders gekennzeichnet.

Es ist den Autoren gelungen, die umfangreiche Literatur systematisch auszuwerten und in Verbindung mit ihrer eigenen Erfahrung die wichtigsten Feldbeobachtungen, Folgerungen und Verallgemeinerungen in einer keineswegs zu kurzen, aber doch knappen und übersichtlichen Form darzustellen und somit einen Überblick über den derzeitigen Kenntnisstand auf dem Gebiet der angewandten Geochemie zu vermitteln.

Der gesamte Stoff wird in 18 Kapiteln und einem Anhang (mit der geochemischen Charakteristik der für die Entwicklung sekundärer geochemischer Anomalien wichtigen Elemente) behandelt. An die Einführung mit einem knappen Abriß der Entwicklung der gegenwärtig üblichen Suchverfahren und dem gegenwärtigen Stand schließen sich in Kapitel II die „Theoretischen Grundlagen" (geochemische Verhältnisse, geochemische Dispersion, geochemische Mobilisation, Elementassoziationen, geochemische Verteilungsgesetze, geochemische Anomalien und Prinzipien der Interpretation) an. In Kapitel III werden die Grundzüge der Spurenanalyse (Probenvorbereitung, Zerkleinerung, Trennung, analytische Verfahren) kurz umrissen und im Anschluß an dieses Kapitel auf die einschlägige Spezialliteratur verwiesen.

Im Kapitel IV „Primäre Dispersion" (hier verstanden als Dispersion während des endogenen Prozesses) wird u. E. die zunehmende Bedeutung gerade der primären Dispersionshöfe als Suchkriterium für tieferliegende Lagerstätten noch zu wenig hervorgehoben, obwohl auch dieses Kapitel recht umfassend abgehandelt ist und einige Beispiele angeführt sind, die die beträchtliche Reichweite primärer Höfe erkennen lassen.

Diesen folgen Kapitel über „Verwitterung", „Bodenbildung" und schließlich „Sekundäre Dispersion" und „Sekundäre Dispersionshöfe". Weitere Kapitel beschäftigen sich mit den Anomalien in residualen und transportierten Überlagerungen, geochemischen Untersuchungen der Böden, den Anomalien in natürlichen Wässern und „drainage sediments" (sumpfigen Ablagerungen, Flußablagerungen u. ä.).

In Kapitel XV wird auf biogeochemische Anomalien und geobotanische Indikatoren eingegangen und die biogeochemischen und geobotanischen Untersuchungsverfahren erläutert sowie ein kurzer Hinweis auf photogeologische Kartierungsmethoden gebracht. Sehr wertvolle Hinweise hinsichtlich Planung, Organisation und Durchführung geochemischer Sucharbeiten vermittelt Kapitel XVI, während im folgenden einige in Ostkanada, Nordrhodesien und auf den Philippinen durchgeführte Sucharbeiten von prinzipieller Bedeutung recht detailliert dargestellt werden, die zugleich den Vorzug einer Kombination geologischer, geophysikalischer und geochemischer Methoden erkennen lassen.

Das abschließende Kapitel ist einer sehr interessanten Betrachtung über die künftige Entwicklungsrichtung der Geochemie bei der Lagerstättensuche gewidmet.

Das vorliegende Werk wird nicht nur für den Studenten, praktischen Geologen und Geophysiker sowie den in der angewandten Geochemie Spezialisierten ein sehr wertvolles Hilfsmittel sein, sondern zugleich auch dazu beitragen, die hier und da noch bestehende Skepsis gegenüber geochemischen Suchverfahren zu beseitigen. M. KRAFT

[1]) Anm. der Redaktion: In englischer Übersetzung 1960 erschienen; in deutscher Übersetzung mit Ergänzungen des Autors (1962) in Vorbereitung

BLOOM, H.

Feldmethoden zur Bestimmung von Nickel unter Verwendung von Dimethylglyoxim

„Economic Geology", Bd. 57 (1962), S. 595–604

Diese Arbeit ist ein weiterer Beitrag zu den in den USA viel verwendeten kolorimetrisch-chemischen Prospektionsmethoden. Als Reagenz wird das altbekannte Dimethylglyoxim benutzt, jedoch in einer neuen Variante.

Die in schwach basischer Lösung (Ammoniak-Ammoncitrat-Puffer) erzeugte organische Nickelverbindung wird mit Xylol extrahiert und die in der Xylolschicht entstehende Färbung mit der aus Standardlösungen in der gleichen Weise erhaltenen Färbung visuell verglichen. Vor dem Ausschütteln gibt man zur Beseitigung der sonst durch Kobalt, Kupfer und Mangan zu erwartenden Störungen Hydroxylammoniumchlorid hinzu. Eisen erzeugt in der wäßrigen Phase eine intensive Rosafärbung, geht aber nicht in das Xylol über. Außerdem wird zur Verhinderung des Ausflockens des Reaktionsproduktes bei Anwesenheit größerer Nickelmengen das nichtionogene Detergens „Aquet" (Butyl-phenoxy-polyoxyäthylen-äthanol) angewendet. Bis zu 6 µg Nickel erzeugen eine gelbgefärbte echte Lösung. Bei höheren Gehalten bis zu etwa 20 µg wird das gefärbte Reaktionsprodukt durch das Detergierungsmittel in Suspension gehalten. Die durch steigende Nickelmengen im Xylol erzeugten Färbungen erstrecken sich von schwach gelb über orange bis kräftig rosa. Bei der als normale Ausführung beschriebenen Arbeitsweise ist die untere Nachweisgrenze 25 g/t Ni. Der Autor unterscheidet, wie entsprechend auch für andere Metalle üblich, zwischen „Gesamtnickel"-Bestimmung und Bestimmung des „verfügbaren" Nickels. Unter Gesamtnickel wird das beim Erhitzen in Salpetersäure (1:3) lösliche Metall verstanden, unter verfügbarem Nickel der in Ammoniak-Ammoncitrat in der Kälte lösliche Anteil. Für beide Bestimmungen sind die Arbeitsvorschriften ausführlich angegeben.

Der Verf. hat bei der Untersuchung von Profilen, die über eine Amphibolitzone mit Garnierit und sulfidischen Nickelerzen gelegt wurden, in den Bodenproben kaum „verfügbares" Nickel gefunden, während aus den Bestimmungen des Gesamtnickels eine ausgeprägte Anomalie über der Erzzone erhalten wurde. Er führt diesen Befund darauf zurück, daß in der Entnahmetiefe der Proben (6 Zoll) wohl noch keine eigentliche („ausgereifte") Bodenbildung stattgefunden habe.

H. GRASSMANN

HERMAN, P. & A. HUBAUX

Mechanische Handhabung geochemischer Daten

„Geochim. et Cosmochim. Acta" (1962), Vol. 26, S. 131 bis 143, 1 Abb., 5 Tab., 6 Lit.

Die Verf. haben für die Auswertung eines umfangreichen Tatsachenmaterials aus dem ehemals Belgischen Kongo-Gebiet und Ruanda-Urundi ein System von Lochkarten entwickelt. Für jede Gesteins- oder Mineralprobe werden eine oder mitunter auch 2 und mehr Karten mit 80 Spalten und 12 Zahlenreihen (y, x, 0, 1–9) angelegt. Darin lassen sich nach einem bestimmten Schlüssel alle erforderlichen Angaben organisatorischer, geographischer, mineralogischer und chemischer Art festhalten.

Spalte 1–20 der Lochkarte sind für Angaben über Art der Probe, Stratigraphie, Geographie oder allgemeine Daten bestimmt bzw. bleiben frei. Die folgenden Spalten 21–80 sind der chemischen Zusammensetzung vorbehalten. Einzelheiten müssen einem Memorandum entnommen werden, welches die Autoren den Interessenten zur Verfügung stellen. Beispielsweise gibt es für die Mineralnamen in Spalte 4 einen besonderen Schlüssel, der 482 Positionen enthält. Die Verf. zeigen, daß man mit den 12 Ziffern einer Spalte insgesamt 4096 (2^{12}) Angaben speichern kann.

Die chemischen Analysen können nach dem Grad ihrer Genauigkeit in 6 verschiedene Skalen eingeordnet werden. Diese bilden geometrische Reihen mit den Faktoren 10^{-1}, $10^{-1/2}$, $10^{-1/3}$, $10^{-1/9}$, $10^{-1/27}$, $10^{-1/81}$. Entsprechend ist die Anzahl der Intervalle zwischen 1 und 10: 1 — 2 — 3 — 9 — 27 — 81. Die gröbste Skala (10^{-1}) kommt für halbquantitative Bestimmungen in Frage, die feinste ($10^{-1/81}$) für Präzisionsanalysen. Die Ziffer 9 wird gelocht, wenn über das betreffende Element keine Angaben vorliegen oder der Gehalt unter der Nachweisgrenze liegt. Es gibt auch noch andere Möglichkeiten, die man berücksichtigen kann. Alle diese Angaben lassen sich in der Spalte für das betreffende Element unterbringen.

Das Eintragen und Klassifizieren der Angaben mit Hilfe der erforderlichen Schlüssel und Verzeichnisse wird dem Leser weitschweifig vorkommen. Die Verf. versichern jedoch, daß das Verfahren wesentlich schwieriger zu beschreiben als auszuführen sei.

Das für einen Spezialzweck ausgearbeitete Schema kann auf beliebige geochemische Arbeiten einschließlich der Böden und Wässer angewendet und erweitert werden. Die Spalten 1 bis 19 enthalten hinreichend Raum für zusätzliche Eintragungen. Auch kann man — wie gesagt — weitere Karten für jede Probe anlegen.

Die maschinelle Sortierung dieser Karten bietet interessante Möglichkeiten. Man kann z. B. die verschiedenartigsten Daten miteinander vergleichen, selbst wenn sie aus verschiedenen Quellen stammen. Bei mehrfachem Durchgang der Karten durch eine Sortieranlage ist es möglich, eine Vielzahl von Informationen zur Unterteilung und Neugruppierung der Daten zu erhalten und auf diese Weise neue Beziehungen aufzustellen. Man kann z. B. auf sehr einfache Weise folgende Fragen beantworten: Welche der analysierten Proben enthalten Indium? Gibt es in den bisher untersuchten Kassiteritproben Scandium und wieviel? Wie ist die Verteilung von Nickel in den verschiedenen Arten basischer Gesteine in Kasai? Welche Aluminosilikate enthalten weniger als 1 p.p.m. Gallium, und wo findet man sie? Mit einem Minimum an Zeitaufwand kann man feststellen, ob die Verteilung eines bestimmten Elements lognormal ist oder nicht. Beispielsweise läßt sich die Korrelation (Ni)(Na)/(Co)(Ca) in Abhängigkeit von der geographischen Lage für 500 Proben in einer halben Stunde feststellen. Bei Verwendung elektronischer Sortieranlagen ist noch weniger Zeit erforderlich.

G. HASS

ŠIMEK, R.

Eine neue ingenieurgeologische Karte im Maßstab 1:5000

„Geologizký průzkum", Prag 1962; H. 7, S. 211–214

Der Autor schreibt über interessante Darstellungsmöglichkeiten auf einer ingenieurgeologischen Karte größeren Maßstabs. Als Beispiel wählt er Ausschnitte aus einer Karte im Maßstab 1:5000, die für das nördliche Gebiet der Stadt Prag angefertigt wurde.

Für die Herstellung der Karte wurden alle Aufschlüsse (Geofonds lieferte etwa nur 40%) ausgewertet. Im Bereich unübersichtlicher Geländeteile wurden mit Erfolg Luftbildaufnahmen verwendet. Handsondierungen gaben nur bedingt auswertbare Ergebnisse.

Die ingenieurgeologische Karte besteht aus drei Teilen: 1. Kartierungsbericht, 2. Kartei der Dokumentationspunkte, 3. drei Grundkarten (geologisch, hydrogeologisch, Dokumentation) und einer Folgerungskarte (entspricht unserer Karte der ingenieurgeologischen Einheiten).

Die sogenannte Folgerungskarte wird für einen bestimmten Zweck hergestellt. Auf der Grundlage der übrigen Unterlagen ist es möglich, erforderlichenfalls verschiedene Folgerungskarten anzufertigen, die bestimmte Fragen beantworten.

Die geologische Karte ist eine Mehrschichtenkarte. Der Felsuntergrund wird mit braunen Schraffen dargestellt. Die oberste Schicht erhält eine Flächenfarbe, die zweite Schicht erscheint in waagerechten und die dritte Schicht in senkrechten Streifen. Theoretisch könnte man so bei Verwendung von schräg verlaufenden Streifen 5 bis 6 Schichten darstellen. In den Flächen und den schmalen Streifen wird durch römische Ziffern die Tiefenlage der Unterkante der Schicht eingeschrieben. Aufschüttungen erscheinen als rotfarbige Zeichen.

Die hydrogeologische Karte gibt die Tiefenlage der Grundwasseroberfläche als Isohypsen oder als Isobathen an. Die unterschiedliche Tiefenlage wird durch Farbabstufungen (gelb, grün, blau) zwischen den Isolinien herausgehoben. Außer der Aggressivität wird die Durchlässigkeit der Gesteinsschichten angegeben, und zwar in drei Gruppen: 1. poröse Gesteine mit großer Durchlässigkeit, 2. klüftige und spaltenreiche Gesteine, 3. praktisch undurchlässige Gesteine.

In der Dokumentationskarte und der dazugehörigen Kartei werden alle verwendeten Unterlagen (auch begutachtete Gebiete usw.) erfaßt.

Die Folgerungskarte zeigt eine Unterteilung in Flächen, die „sehr geeignet", „geeignet verwendbar", „bedingt verwendbar" und „ungeeignet" sind. Die Einstufung wird nach der Tiefenlage der tragenden Schicht, nach der zulässigen Bodenpressung, nach der Tiefenlage des Grundwasserspiegels und nach der Geländeneigung vorgenommen. Ungeeignete Flächen ergeben sich auch aus Vernässungen, Rutschneigungen und anderen ungünstigen Verhältnissen.

Die beachtenwerte Darstellungsmethodik zeigt verschiedene Möglichkeiten, die auch bei uns anwendbar sind. Es handelt sich um eine sehr aussagekräftige, aber sicher nicht immer leicht zu lesende Karte. Das letzte trifft besonders für Bauingenieure zu. Eine Unterteilung der Flächen auf der Folgerungskarte nach der Eignung scheint uns nicht immer angebracht, da dies den Wert der Karte etwas einschränkt. Die „Eignung", ist doch weitgehend von dem Stand der Technik und der Erkenntnisse abhängig, und gerade hier geht die Entwicklung sehr schnell vor sich.

Beachtenswert sind die Versuche unserer tschechoslowakischen Kollegen, die immer wieder nach neuen und vollkommeneren Darstellungsmöglichkeiten Ausschau halten.

Für Interessenten ist die Übersetzung der ŠIMEKschen Arbeit bei der Zentralbibliothek oder beim ZGI/AGing einzusehen bzw. auszuleihen. F. REUTER

Neuerscheinungen und Literaturhinweise

LUGOW, S. F.
Wo und wie sucht man Wolframerze?
Gosgeoltechisdat, Moskau 1960, 28 S.

LUGOW, S. F.
Nutzbare Bodenschätze und ihr Aufsuchen
Gosgeoltechisdat, Moskau 1960, 33 S.

LUGOW, S. F.
Zinnerze und wie man sie aufsucht
Gosgeoltechisdat, Moskau 1960, 24 S.

MARKOW, P. N.
Wie sucht man Glimmervorkommen?
Gosgeoltechisdat, Moskau 1959, 19 S.

MELNIZKIJ, W. W.
Bor-Lagerstätten und wie man sie sucht
Gosgeoltechisdat, Moskau 1960, 21 S.

MERKURJEW, N. D.
Wie sucht man Asbest?
Gosgeoltechisdat, Moskau 1959, 26 S.

Nachrichten und Informationen

Erdöl/Erdgas

Westdeutsche Erdöl- und Erdgasförderung in den Jahren 1960 und 1961

Die westdeutsche Erdölförderung ist im Jahre 1961 gegenüber 1960 um 0,674 Mill. t oder 12,2% angestiegen, die Erdgasförderung erhöhte sich um 33,5 Mill. m³ oder 7,5% auf 481,2 Mill. m³.

Die Ergebnisse der Erdölförderung im einzelnen zeigt Tabelle 1.

In den einzelnen Revieren sind als wichtigste Produktionsstätten zu nennen: Gebiet nördlich der Elbe: Boostedt 0,149 Mill. t (— 5,70%), Reitbrook 0,121 Mill. t (+ 95,16%), Schwedeneck 0,053 Mill. t (— 1,85%); Gebiet zwischen Elbe und Weser: Eldingen 0,083 Mill. t (— 4,6%), Hankensbüttel-Süd 0,386 Mill. t (+ 16,62%), Hohne 0,228 Mill. t (+2,7%), Leiferde 0,137 Mill. t (+ 12,3%), Lüben 0,058 Mill. t (+ 1,75%), Hänigsen 0,203 Mill. t (— 11,35%), Örrel-Süd 0,057 Mill. t (— 6,56%), Suderbruch 0,115 Mill. t (— 4,96%), Vorhop 0,095 Mill. t (6,74%), Wesendorf 0,054 Mill. t (— 15,63%); Gebiet zwischen Weser und Ems: Barenburg 0,154 Mill. t (+ 1,99%), Bockstedt 0,107 Mill. t (+122,92%), Bramshar 0,119 Mill. t (+ 101,69%), Düste-Aldorf 0,109 Mill. t (— 9,17%), Düste-Valendis 0,089 Mill. t (— 17,59%), Wietingsmoor 0,085 Mill. t (+ 8,97%), Hemmelte-West 0,080 Mill. t (— 14,89%), Welpe 0,105 Mill. t (0%), Voigtei 0,183 Mill. t (+ 1,10%), Wehrbleck 0,100 Mill. t (+ 96,08%); Gebiet westlich der Ems: Emlichheim 0,142 Mill. t (+ 10,94%), Georgsdorf 0,400 Mill. t (+ 27,80%), Lingen-Dalum 0,078 Mill. t (— 9,30%), Rühlermoor 0,465 Mill. t (+ 1,09%), Rühlertwist 0,164 Mill. t (+ 4,46%), Scheerhorn 0,207 Mill. t (+ 16,95%); Gebiet Oberrheintal: Landau 0,125 Mill. t (+ 2,46%), Stockstadt 0,050 Mill. t (+ 4,17%); Gebiet Alpenvorland: Ampfing 0,035 Mill. t (— 16,67%), Mönchsrot 0,054 Mill. t (+ 8,0%), Mühldorf-Süd 0,027 Mill. t (— 20,59%), Velden 0,018 Mill. t (+ 500%).

Tabelle 1

Gebiet	1961 Mill. t	1960 Mill. t	Steigerung von 1960:1961 in %
Nördlich der Elbe	0,593	0,490	+ 21,02
Zwischen Elbe und Weser	2,125	2,000	+ 6,25
Zwischen Weser und Ems	1,582	1,331	+ 18,86
Westlich der Ems	1,541	1,356	+ 13,64
Oberrheintal	0,217	0,213	+ 1,88
Alpenvorland	0,146	0,140	+ 4,29
Gesamt-Erdölförderung	6,204	5,530	+ 12,19

Über die Erdgasförderung gibt die Tabelle 2 eine Übersicht:

Tabelle 2

Gebiet	1961 Mill. m³	1960 Mill. m³	Steigerung von 1960:1961 in %
Zwischen Elbe und Weser	18,762	16,173	+ 16,01
Zwischen Weser und Ems	143,151	129,809	+ 10,28
Westlich der Ems	128,785	118,109	+ 9,04
Oberrheintal	73,304	80,175	— 8,57
Alpenvorland	117,230	103,462	+ 13,31
Gesamt-Erdgasförderung	481,232	447,728	+ 7,48

Die wichtigsten Produktionsstätten der einzelnen Reviere weisen nachstehende Förderungen auf: Gebiet zwischen Elbe und Weser: Thönse 17,253 Mill. m³ (+ 12,54%); Gebiet zwischen Weser und Ems: Rheden 140,209 Mill. m³ (+ 9%); Gebiet westlich der Ems: Bentheim 35,181 Mill. m³ (— 21,34%), Frenswegen 20,811 Mill. m³ (— 30,25%), Kalle 19,553 Mill. m³ (+ 54,22%), Ratzel 15,481 Mill. m³ (+ 8500,56%); Gebiet Oberrheintal: Pfungstadt 13,212 Mill. m³ (+ 12,67%), Stockstadt 29,897 Mill. m³ (+ 4,23%), Wolfskehlen 19,3011 Mill. m³ (— 13,64%); Gebiet Alpenvorland: Isen 17,210 Mill. m³ (— 16,40%), Steinkirchen 18,157 Mill. m³ (— 0,81%), Weitermühle 40,580 Mill. m³ (— 5,41%). Die tägliche Durchschnittsförderung an Erdöl hat sich von 15109 t auf 16999 t, d. h. um 1890 t oder 12,51%, erhöht. Die tägliche Erdgasförderung stieg von 1,223 Mill. m³ auf 1,318 Mill. m³, also um 0,095 Mill. m³ oder 7,77%. Die Leistungen der Produktionsbohrungen sind um rd. 6% von 377477 m auf 354114 m zurückgegangen. —D—

Tiefste Bohrung Deutschlands

Die westdeutsche Basisbohrung Münsterland 1, über die wir in unserer Zeitschrift bereits berichteten (Z. angew. Geol., Bd. 8, H. 5, S. 278), hat die Rekordteufe von 5956 m erreicht. Sie wurde bei dieser Endteufe eingestellt. Die überschlägigen Kosten für diese Bohrung betrugen 9 Mill. DM. Die geologischen Detailergebnisse werden vermutlich erst in einem Jahr vorliegen. In großen Zügen wurde festgestellt, daß die Basis des Oberkarbons etwa bei 3000 m angetroffen wurde. Bis zur Endteufe durchsank die Bohrung Schichten des Karbons und Devons. Sie scheint demnach im Devon eingestellt worden zu sein. —K—

500 Milliarden Tonnen Welterdölreserven

In einem Presseinformationsgespräch zum bevorstehenden VI. Welterdölkongreß, 1963 in Frankfurt/M. (Bericht in „Erdöl und Kohle", H. 10, Oktober 1962) sprach Prof. A. Bentz über die Ölhöffigkeit der riesigen Sedimentationsbecken der Erde. Die bisherigen Theorien über die Voraussetzungen der Erdölansammlung in Lagerstätten seien überholt. Die Vorräte seien sehr viel größer, als man noch vor wenigen Jahren annahm. Bentz hob das Ergebnis hervor, zu dem der amerikanische Geologe L. G. Weeks gelangte. Danach sind die allein mit primären Verfahren gewinnbaren Ölreserven in der Welt auf etwa 240 Mrd. t zu schätzen. Die mittels moderner Sekundärförderverfahren gewinnbaren Reserven seien aber der Größenordnung nach mit etwa 500 Mrd. t zu bemessen. Die Erdgasreserven schätzt Prof. Bentz auf z. Z. etwa $20 \cdot 10^{12}$ m³ mit einem Heizwert entsprechend rd. 17 Mrd. t Erdöl. Ha.

Bohrtätigkeit und Erdölförderung in Frankreich

In Frankreich ist (nach einer von „Erdöl und Kohle", Sept. 1962, gegebenen Übersicht) von 1960 auf 1961 ein Rückgang der Bohrtätigkeit auf Erdöl zugleich mit einer Steigerung der Förderung zu beobachten. Die Aufschlußbohrleistung sank von 184536 auf 166325 Bohrmeter (—9,9%), die Zahl der fertiggestellten Bohrungen ging von 242 auf 214 zurück (—11,6%); die Förderung jedoch stieg von 1,976 auf 2,163 Mill. t (+9,5%). Der Rückgang wird allerdings geringer und die Förderungszunahme noch größer, wenn man die Sahara und andere Länder der sog. „Französischen Gemeinschaft" hinzunimmt. In Algerien und in der Sahara allein stieg nämlich die Bohrleistung von 125670 auf 142123 Bohrmeter (+13,1%), die Zahl der fertiggestellten Bohrungen von 187 auf 217 und ferner die Förderleistung von 8,632 auf 15,664 Mill. t (+81,5%). Der schnell ansteigende Erdölbedarf Frankreichs könnte ohne die rasche Entwicklung der Felder in der Sahara, wo für 1962 eine Förderung von 24 Mill. t erwartet wird, nicht gedeckt werden. Ha.

Erdöl und Erdgas in der VR Polen

In der VR Polen liegen nunmehr Planungen für die Erdöl- und Erdgasproduktion bis 1980 vor. Die gegenwärtige Rohölproduktion von 200000 t jährlich soll bis 1970 auf 600000 t gesteigert werden. Voraussetzung ist der Nachweis von mindestens 8 Mill. t Reserven. Das Produktionsziel für 1980 beträgt 4 Mill. t jährlich, was bis dahin gesicherte Vorräte von 56 Mill. t voraussetzt. Die Erdgasproduktion, die z. Z. 600000 m³ jährlich ausmacht, soll bis 1970 auf 3 Mill. m³ und bis 1980 auf 6 Mill. m³ gebracht werden. Dies setzt wiederum bis 1970 Reserven von 30,6 Mill. m³ und bis 1980 solche von 54 Mill. m³ voraus. Ha.

Erdölerkundung mit sowjetischer Hilfe in Afghanistan

Die geologischen Forschungsarbeiten sowjetischer und afghanischer Spezialisten für die zukünftige Erdöl- und Erdgasgewinnung Afghanistans erstrecken sich bereits über fast das gesamte nördliche Afghanistan. Gegenwärtig arbeiten auch Fachleute aus der ČSSR und der VR Rumänien in diesem Gebiet. In der Provinz Massari-Scherif wurde bereits ein zweites Bohrloch erschlossen, das in 24 Stunden 1,5 Mill. m³ Gas liefert. Entgegen den Ansichten westlicher Spezialisten, wonach es in Afghanistan weder Erdöl noch Erdgas gäbe, bewiesen sowjetische Geologen das Gegenteil. D.

Steigerung der Erdölförderung in Venezuela

Venezuelas Erdölförderung dürfte sich 1962 auf 1,172 Mrd. barrels belaufen und damit das Vorjahrsergebnis von 1,066 Mrd. barrels um 10% übersteigen. Diese erwartete Fördersteigerung stützt sich darauf, daß kein Rückgang des Welterdölbedarfs zu erwarten ist. In den USA lag der Erdölbedarf im 1. Halbjahr 1962 allein um 5% über dem der vergleichbaren Vorjahrszeit.

In den ersten 6 Monaten d. J. sind in Venezuela 267 neue Bohrungen niedergebracht worden, gegenüber 242 neuen Bohrungen im entsprechenden Vorjahrszeitraum. Der Durchsatz der Raffinerien belief sich im 1. Halbjahr 1962 im Tagesdurchschnitt auf 1,03 Mill. barrels. D.

Immer mehr Ölfunde in Libyen

In den Erdölgebieten von Libyen, die noch am Anfang ihrer Entwicklung stehen, nimmt die Zahl der neuen Funde ständig zu. In den einem kanadisch-westdeutschen Konsortium gehörenden Konzessionen 12 und 13, wo im Juli 1962 die Aufschlußbohrung E 1—12 (11,5 km nordwestlich der 1959 fündig gewordenen Bohrung Amal 1) in 2980 m Teufe eine ölführende präkretazische Sandsteinschicht anfuhr, wurde jetzt die Bohrung I 1—13 (Ora G) fündig. Sie erbrachte ebenso wie die Bohrung A 1—13 (Ora F) in 2310 m Teufe einen Zustrom von rd. 120 m³/Tag Öl von dem spez. Gew. 0,848. Die kürzlich fertiggestellte Pipeline Bahi Dahra—Es Sidra soll über Bahi Dahra hinaus bis nach dem aussichtsreichen Ölfeld Waha verlängert werden und erhält dann eine Länge von 240 km. Ha.

Ein Öl- und Gasausbruch in Alaska

Eine im Küstenvorland von Alaska, rd. 48 km südwestlich von Anchorage, niedergebrachte Bohrung traf am 21. August 1962 in rd. 3900 m Teufe auf ein unter hohem Druck stehendes Erdölvorkommen. Die Bohrung geriet außer Kontrolle, und das ausströmende Öl und Gas mußte aus Sicherheitsgründen angezündet werden. Mit einer Entlastungsbohrung wurde begonnen. 1957 war eine in demselben Gebiet (nur knapp 20 km Abstand) niedergebrachte Aufschlußbohrung fündig geworden. Die jetzige stellt den ersten seitdem gemachten Ölfund in Alaska dar. Ha.

Automatisiertes System in einem Erdölgebiet von 60-Meilen-Radius

Nach Erprobung eines automatischen Systems von kleinerem Ausmaß im Gebo-Ölfeld bei Thermopolis (USA) hat die Continental Oil Co. beschlossen, dieses System auf das ganze dortige Ölgebiet von 60 Meilen Radius auszudehnen. Mit dem Bau der Anlagen soll, wie „The oil and gas journal" vom 8. Okt. 1962 berichtet, in Kürze begonnen werden. Die Fertigstellung wird bis September 1963 erwartet.

Die fünf Ölfelder des Gebiets erhalten jedes eine automatische Station, die Produktionsdaten und Alarmsignale sammelt und sie über Fernschreiber und Bandaufnahme an die Zentrale in Cody übermittelt. Diese erhält Tagesberichte über jede Bohrung. Jede Änderung im Fließen oder Nichtfließen einer Erdölquelle wird sofort an die zugehörige Station gemeldet. Ha.

Kohle

Kohlenförderung der Welt im Jahre 1961

Die gesamte Weltkohlenförderung erhöhte sich um 20,8 Mill. t oder 0,7% auf 2648,3 Mill. t. Die Zuwachsraten der vorhergehenden Jahre lagen dagegen bei 4,5, 3,3 und 4,4%.

Die Steinkohlenförderung des Jahres 1961 von 1987,8 Mill. t ist gegenüber dem Vorjahr um 4,3 Mill. t oder 0,2% nur gering angestiegen. Größere Förderanstiege waren nach dem vorliegenden Bericht nur in der VR Polen, Indien, Japan, der Südafrikanischen Union und Australien zu verzeichnen.

Die Braunkohlenförderung der Welt weist eine Zunahme um 16,46 Mill. t oder 2,6% auf 658,7 Mill. t auf. Im einzelnen erhöht sich die Braunkohlenförderung der DDR um 11,6 Mill. t oder 5,2% auf 237,00 Mill. t. Westdeutschland konnte die Förderung um 1,1 Mill. t oder 1,1% steigern. Die Braunkohlenförderung konnte in Frankreich um 0,6 Mill. t oder 27,2% auf 2,9 Mill. t, in Italien um rd. 1 Mill. t oder 76,0% auf 2,2 Mill. t und in Bulgarien um 1,3 Mill. t oder 7,8% auf 17,9 Mill. t erhöht werden. Griechenland steigerte die Braunkohlenförderung um rd. 0,2 Mill. t oder 9,1% auf 2,4 Mill. t, Jugoslawien um 1,2 Mill. t oder 5,6%

auf 22,6 Mill. t, wogegen Österreich seine Förderung von rd. 6 Mill. t um 0,4 Mill. t oder 6,7% auf 5,6 Mill. t verringerte. Der polnische Braunkohlenbergbau hat einen Zuwachs von rd. 1 Mill. t oder 10,7% auf 10,3 Mill. t zu verzeichnen. Die Braunkohlenförderung Spaniens erhöhte sich um 0,3 Mill. t oder 16,7% auf 2,1 Mill. t und diejenige der ČSSR um 6,4 Mill. t oder rd. 11% auf 64,8 Mill. t. Die Türkei hat einen Förderrückgang von rd. 0,3 Mill. t oder 17,7% auf 1,4 Mill. t zu verzeichnen. Australien dagegen konnte die Braunkohlenförderung um 1,5 Mill. t oder 9,9% auf 16,7 Mill. t steigern. Nach dem vorliegenden Bericht hat die Sowjetunion mit 10,5 Mill. t oder 7,5% auf 129 Mill. t den relativ stärksten Förderrückgang an Braunkohle. Die übrigen Länder konnten ihre Braunkohlenförderung entweder auf annähernd gleicher Höhe halten oder wiesen nur geringfügige Schwankungen nach oben oder unten auf.

Der Anteil der beiden deutschen Staaten an der Braunkohlenförderung stieg um 12,7 Mill. t oder 3,9% auf 334,0 Mill. t und hat sich damit von rd. 50% auf 50,8% erhöht. Der Anteil Westdeutschlands an der Weltförderung ist von 15% auf 14,8% zurückgegangen. Die Pechkohlenförderung hat sich mit 1,8 Mill. t auf gleicher Höhe gehalten. —D—

Die VR China nach der UdSSR der größte Kohlenproduzent der Welt

China, das 1952 noch die bescheidene Jahresproduktion von 62 Mill. t Kohle aufwies, erreichte schon 1958 die Höhe von 270 Mill. t und überbot damit die für das Ende des zweiten Fünfjahrplans (1962) vorgesehenen 230 Mill. t. Es rückte damals nach der UdSSR und den USA an die dritte Stelle in der Weltkohlenförderung. In den zwei Folgejahren kam eine Steigerung um 57,5% hinzu. 1960 stand es bereits mit 425 Mill. t zwischen der UdSSR (513 Mill. t) und den USA (391 Mill. t). Eine ähnliche Zunahme ist auch hinsichtlich der geschätzten bzw. erkundeten Vorräte zu verzeichnen, nämlich von 250 Mrd. t vor dem zweiten Weltkrieg auf 445 Mrd. t 1954 und auf 1500 Mrd. t seit 1958.

Die treibende Kraft bei dieser enormen Produktionszunahme war der mächtige Aufschwung der industriellen Erzeugung. Von der genannten Kohlenförderung des Jahres 1958 (270 Mill. t) verbrauchten allein die Eisen- und Stahlindustrie 30%, die Kraftwerke 12%, Eisenbahnen und Kohlenindustrie selbst 11% und 47% die übrige Industrie sowie Gewerbe und Hausbrand. Schwierigkeiten bereitete lange Zeit die Erzeugung der für die Eisen- und Stahlindustrie so notwendigen Kokskohlen. Die erforderlichen Anlagen wurden zumeist von der Sowjetunion geliefert. 1959 wurden 200 neue Anlagen in Betrieb genommen. Seitdem kann ein Viertel der Jahresförderung aufbereitet werden.

Eine wichtige Rolle bei dieser Produktionssteigerung spielten die Kleingruben, deren Zahl allmählich auf rund 100000 anwuchs. Heute gibt es auch viele Großbetriebe mit modernen Anlagen. Günstig wirkte sich die meist bedeutende Mächtigkeit (von 1,3 und 3,5 bis zu 200 m) der chinesischen Flöze aus. Riesige Reviere befinden sich in der nordchinesischen Ebene, die im Süden bis zum Jangtse reicht. Im Westen und Südwesten von Peking verteilen sich bedeutende Anthrazit- und Steinkohlenvorkommen über eine Fläche von 10 km². Wichtige Reviere liegen ferner bei Fengfeng in der Mandschurei, im Kailan-Becken (Hopei), bei Anjang (Honan) und auf der Halbinsel Schantung. Aber auch in Jünnan, der südlichsten Provinz Chinas, und vielen anderen Gebieten befinden sich ausgedehnte Flöze mit Vorräten von vielen Mrd. t. In Haitschan bei Tusin wurde 1957 der größte Steinkohlentagebau Chinas in Betrieb genommen.
Ha.

Eisenerze

Neues Eisenerzrevier im Ural

Ein neues abbauwürdiges Eisenerzrevier ist im Ural östlich der Stadt Kuschwa entdeckt worden. Da die mit einem 50%igen Eisengehalt festgestellten Erze nur in 15—20 m Teufe lagern, können sie im Tagebau gewonnen werden. Ein weiterer Vorteil des neuen Eisenerzreviers ist, daß es in der Nähe zahlreicher Hüttenbetriebe liegt. Zusammen mit der Lagerstätte bei Katschkar, wo gegenwärtig der Bau des größten sowjetischen Erzaufbereitungskombinats mit einer Jahreskapazität von 33 Mill. t Erz vollendet wird, bilden die neuen Eisenerzvorkommen die Rohstoffbasis für die Hüttenwerke des Urals. D.

Die Entwicklung in der westdeutschen Eisen- und Stahlindustrie

Die Produktionskapazität in der westdeutschen Eisen- und Stahlindustrie wird durch folgende Zahlen gekennzeichnet: 1950 betrug die Rohstahlgewinnung in Westdeutschland einschließlich Saar 14 Mill. t. Ende 1961 war sie auf 34,5 Mill. t im Jahre angestiegen, d.h. um 143%. Obwohl in dem gleichen Zeitraum die Zahl der Beschäftigten von rd. 201000 auf 330000 anwuchs, steigerte sich infolge der Modernisierung der Werke und der Rationalisierung der Betriebsvorgänge die Arbeitsproduktivität um rd. 50%, nämlich von jährlich 70 t je Beschäftigtem auf rd. 104 t. Ha.

Eisenerz in Ostbolivien

Das bolivianische Bergbau-Ministerium hat den Aufbau einer Sonderabteilung „Eisen und Stahl" beschlossen. Die erste Aufgabe dieser für Bolivien völlig neuen Ministeriumsabteilung soll es sein, Abbaupläne für das Eisenerzvorkommen zu entwickeln, das in Mutún (Departamento Santa Cruz) existiert.

Mutún, von der bolivianisch-brasilianischen Grenze durchschnitten, wurde seit 1894 des öfteren von Geologen besucht und beschrieben. Es scheint sich um eine der größten Eisenerzlagerstätten der Erde zu handeln. Man spricht in Fachkreisen von 20 Milliarden t. Auf Grund seiner unglücklichen geographischen Lage „im Herzen des Erdteils" wurde allerdings bisher niemals die Erschließung in Angriff genommen.

Alter und Entstehung dieser Lagerstätte sind noch nicht einwandfrei ermittelt. Es handelt sich um eine „Insel" von etwa 10 km Durchmesser, die sich, mit fast senkrechten Wänden, 600—800 Meter über das riesige Flachland des „Chaco" erhebt. Die oberste Kappe dieses Felseilandes mit einer Höhe von 200—300 m besteht aus einer Vielzahl von Hämatitschichten, 0,5—10,0 cm mächtig, die mit 1,0 cm starken quarzitischen Lagen wechseln. Da in den Schichten dieses Vorkommens und 3—4 benachbarter ähnlicher „Inseln" keinerlei Fossilien gefunden wurden, schwanken die Alterseinstufungen zwischen Präkambrium, Kambrium, Ordovizium und Silur. Z. F. R.

Sonstiges

Tauchergeologen im Dienst der Unterwassererkundung

Bei der Erkundung von Unterwasserlagerstätten verschiedener Art kann die Arbeit von geologisch geschulten Tauchern wertvolle Hilfe leisten. Die Ausbildung und der praktische Einsatz solcher „Unterwassergeologen" hat daher in den letzten Jahren mehr und mehr zugenommen. Wie „World Oil", Okt. 1962, S. 238—244, berichtet, hat eine in den Gewässern Südkaliforniens arbeitende geologische Tauchergruppe in den letzen acht Jahren mehr als 100 Quadratmeilen des Schelfgebiets vor der kalifornischen Küste kartiert. Einzelne Mitglieder dieser Gruppe haben auch in Venezuela, England, Mexiko, der Ostsee, dem Mittelmeer, der Arktis und dem Südpazifik gearbeitet.

Die Aufgabe des „Unterwassergeologen" besteht in der Hauptsache darin, das Einfallen und Streichen austretender Schichten und Strukturen zu ermitteln, Gesteinsproben zu sammeln und die Ergebnisse zu kartieren. Darüber hinaus kann er für die gesamte Erkundung von Lagerstätten und für die Placierung von Bohrplattformen wertvolle Hinweise geben.

Eine Tauchergruppe besteht gewöhnlich aus drei Mann, von denen jeweils einer als „dry"man im Boot Positionen und Daten registriert und die Gesamtoperation überwacht, während die anderen beiden in höchstens 12 m Abstand von einander am Meeresboden zusammenarbeiten. Die Arbeit ist in Tiefen bis zu 50 m durchführbar.

Die Beobachtbarkeit der Strukturen am Meeresboden ist natürlich je nach der Sedimentbedeckung am Meeresboden sehr unterschiedlich. Die Interpretation muß daher sofort während der Arbeit erfolgen. In manchen Fällen sind viele Beobachtungsdaten erforderlich, um Irrtümer zu korrigieren. Der Taucher arbeitet mit einem Spezialkompaß und einem Inklinometer. Nach seinem Aufstieg gibt er einen Sofortbericht.

Die Hauptgefahren für den Taucher sind Luftembolie und Haifische. Zur Vermeidung der ersteren muß er langsam aufsteigen. Bei tiefem Gewässer wird die Arbeit am besten an den tiefsten Stellen begonnen, um allmählich höher zu führen. Kleine Haifische kommen nicht im Betracht; bei großen hilft nur die schellstmögliche Flucht nach oben.

Ha.

Das seltene Metall Hafnium gewinnt Bedeutung

Hafnium spielt bei der Gewinnung von Kernenergie eine Rolle, seine Produktion gewinnt daher mehr und mehr an Bedeutung. Es kommt in zirkonhaltigen Sanden auf der Halbinsel Florida und an der Ostküste Australiens vor. Die Ablagerungen an den beiden Fundpunkten sind von gleicher Qualität. Die Gewinnung von Hafnium war zwar schon 1923 gelungen, hatte aber lange Zeit keinerlei wirtschaftliche Bedeutung. In den USA hat man nunmehr mit der Produktion, die immer noch sehr kostspielig ist, in wirtschaftlichem Ausmaß begonnen, während man in Australien über das Laboratoriumsstadium noch nicht hinaus ist; für die Metallsandindustrie von Queensland könnte sich aber, wie die Experten annehmen, die Produktion dieses seltenen Metalls günstig auswirken.

Ha.

Aus der Arbeit des Fachverbandes Mineralogie

Am 8. und 9. November 1962 führte der Fachverband Mineralogie der Geologischen Gesellschaft in der DDR in Mühlleithen sein 10. Treffen durch. Es stand unter dem Thema „Geologie und Erkundung der Zinn- und Wolframlagerstätten am Westrand der Granitmassive von Kirchberg, Bergen und Eibenstock".

Die Leitung der Tagung hatten Dr. L. BAUMANN und Dipl.-Min. H. BOLDUAN (beide Freiberg/Sa.) übernommen.

Am 8. 11. wurden sechs Vorträge gehalten. Besonders interessant waren die Diskussionen, die sich mit den Ergebnissen geoelektrischer Erkundung und ihren Folgen beschäftigten sowie mit der Möglichkeit der Anwendung geochemischer Erkundung. Am 9. 11. fanden Befahrungen der Gruben Mühlleithen und Pechtelsgrün des VEB Wolfram Zinnerz Pechtelsgrün und eine Exkursion zum Schneckenstein statt.

Im Jahre 1963 wird der Fachverband voraussichtlich folgende Treffen durchführen:

1. Mineralogische Probleme in der Technik, in Berlin, März 1963,
2. „Fazies", im Rahmen der 10. Jahrestagung der Geol. Gesellschaft, in Leipzig am 13.—18. 5. 1963,
3. Verwitterungslagerstätten auf Metabasiten im sächs. Granulitgebirge, Anfang September 1963 in St. Egidien,
4. Eisenerzlagerstätten vom Lahn-Dill-Typ, Wernigerode, 20.—23. 11. 1963.

T. KAEMMEL

Zehn Jahre Petrographie und Mineralogie des ZGI

Vor zehn Jahren, im IV. Quartal 1952, wurde die Abteilung Petrographie der Staatlichen Geologischen Kommission — heute Abteilung Petrographie und Mineralogie des Zentralen Geologischen Instituts der VVB Feste Minerale — arbeitsfähig. Sie wurde im August 1952 bei der Vereinigung des Geologischen Dienstes mit der Staatlichen Geologischen Kommission gegründet.

Am 17. und 18. 11. 62 führte die Abteilung anläßlich ihres zehnjährigen Bestehens eine Exkursion in das Zittauer Gebirge durch.

T. KAEMMEL

Kurznachrichten

Das bei **Groningen** entdeckte **Erdgasvorkommen**, das sich vermutlich in das nordwestdeutsche Küstengebiet fortsetzt, enthält nach einer niederländischen Regierungsdenkschrift nachgewiesene Vorräte von etwa 150 Mrd. m^3, die sich bei weiterer Erkundung möglicherweise mehr als verdoppeln werden. Das Vorkommen wäre dann weit größer als das von Lacq (175 Mrd. m^3).

In **Abidjan** an der Elfenbeinküste ist der Bau einer **Erdölraffinerie** mit einer Jahreskapazität von 700000 t geplant, an der neben französischem Kapital die Regierung des Landes mit 10% beteiligt ist. Erdölbohrungen und geophysikalische Messungen werden gegenwärtig im Westteil des Beckens von Grand Lahou vorgenommen.

In Port Harcourt in **Nigeria** ist der Bau einer **Erdölraffinerie** geplant, die ab 1966 den gesamten Bedarf Nigeriens an Erdölprodukten decken soll.

Das **Erdgas** des **Nigerdeltas** im Gebiet von Port Harcourt in Nigerien wird durch eine jetzt fertiggestellte 5,5 km lange Leitung der Industrie von Port Harcourt und durch eine im Bau befindliche 10 km lange Leitung einem Gasturbinenelektrizitätswerk in Afam bei Port Harcourt zugeleitet.

Im **Nahen Osten** stieg die **Erdölförderung** im 1. Halbjahr 1962 auf fast 150 Mill. t (10 Mill. mehr als in der Vergleichszeit des Vorjahrs). Mehr als 50 Mill. t entfielen auf britisch-niederländische Gesellschaften.

In Chittagong in **Ostpakistan** ist der Bau einer **Erdölraffinerie** mit einer Anfangskapazität von 880000 jato geplant, wovon etwa 90000 t exportiert werden sollen.

Auf einem vom American Institute of Chemical Engineers veranstalteten Symposium über die **Verwendung** von Kohle wurde die Nutzung der Explosionsenergie **von pulverisierter Kohle** in einer Kolbenpumpe vorgeschlagen. Durch die Anwendung bei Bohrungen und Pumpwerken könne der Kohle ein neues Absatzgebiet erschlossen werden.

Das belgische Zechenschließungsprogramm sah für 1962 eine Herabsetzung der Gesamtförderkapazität um 400000 t vor. Die Sanierung des **belgischen Kohlenbergbaus** soll jedoch eine Verringerung der Förderkapazität um 2,3 Mill. t bis Ende 1963 erfordern.

Im Gebiet von Stara Zagora in der **VR Bulgarien** wurde die größte Grube des Landes, in der im Tagebau **Lignit** gewonnen wird, in Betrieb genommen. Die Jahreskapazität wird voraussichtlich 15 Mill. t betragen.

Die **Eisenerzförderung der UdSSR** betrug nach den Angaben der Zentralverwaltung für Statistik der UdSSR im ersten Halbjahr 1962 etwa 62,1 Mill. t bei einer Steigerung um 8% gegenüber dem ersten Halbjahr 1961.

In Azna in **Nordiran** wird von einem britisch-westdeutschen Konsortium ein Stahlwerk mit einer Jahreskapazität von 300000 t gebaut. Die Neuerschließung eines **Eisenerzvorkommens** und der Bau einer Stadt für 10000 Einwohner sind dafür erforderlich.

Die **Eisenerzgrube** Bunga Raya bei Kuala Lumpur **(Malaya)**, die als malaiisch-japanisches Gemeinschaftsunternehmen eröffnet wurde, soll zunächst 12000 t und Ende 1962 20000 t monatlich Roheisenerz produzieren.

In **Lima** ist die Errichtung der ersten peruanischen **Zinkraffinerie** geplant, die 1965 ihre Produktion mit einer Jahreskapazität von 22000 t aufnehmen soll.

In **Mexiko**, das eine Jahresproduktion von 30000 t **Zink** und 60000 t **Schwefelsäure** aufweist, soll ab 1964 durch Ausbau und Verbesserung der Anlagen die billigste Zinkproduktion der Welt erreicht werden.

Das **norwegische Aluminiumwerk** in Hoyanger, das gegenwärtig 13500 jato produziert, soll für eine Jahresproduktion von 26000 t (ab 1965/66) erweitert werden.

Am Oranje-Fluß (**Südafrika**, Bezirk Upington) wurden zwei **Flußspatlagerstätten** entdeckt, von denen eine eine Länge von 11 km hat und alle bekannten Fluoritvorkommen in Afrika, vielleicht in der Welt, an Größe übertreffen soll. Das zweite Vorkommen erstreckt sich über 6,5 km.

Von den neuen Anlagen für die **Raffination** von **Kali** in **Kanada** wird eine Jahresproduktion von 1200000 t erwartet.

Die submarinen **Diamantenlager** vor der **Lüderitzbucht** (Südwestafrika), deren größtes 25 km lang ist, sollen Steine im Gesamtwert von mehreren Mill. Karat enthalten.

Herausgeber: Staatliche Geologische Kommission und Zentrale Vorratskommission für mineralische Rohstoffe der Deutschen Demokratischen Republik. Für die kollektive Chefredaktion: Dr. K. KAUTER (Redaktionssekretär), Berlin. Redaktion: Berlin N 4, Invalidenstraße 44. Verlag: Akademie-Verlag GmbH, Berlin W 8, Leipziger Straße 3–4 (Fernsprecher 22 04 41, Telex 011 773, Postscheckkonto: Berlin 350 21). Bestellnummer des Heftes 1047/9/4. Die „Zeitschrift für angewandte Geologie" erscheint monatlich. Bezugspreis 2,– DM je Heft. – Satz und Druck: Druckhaus „Maxim Gorki", Altenburg. Veröffentlicht unter der Lizenznummer 1279 des Presseamtes beim Vorsitzenden des Ministerrates. Karten: MdI der DDR, Nr. 7852, 8313, 8374.

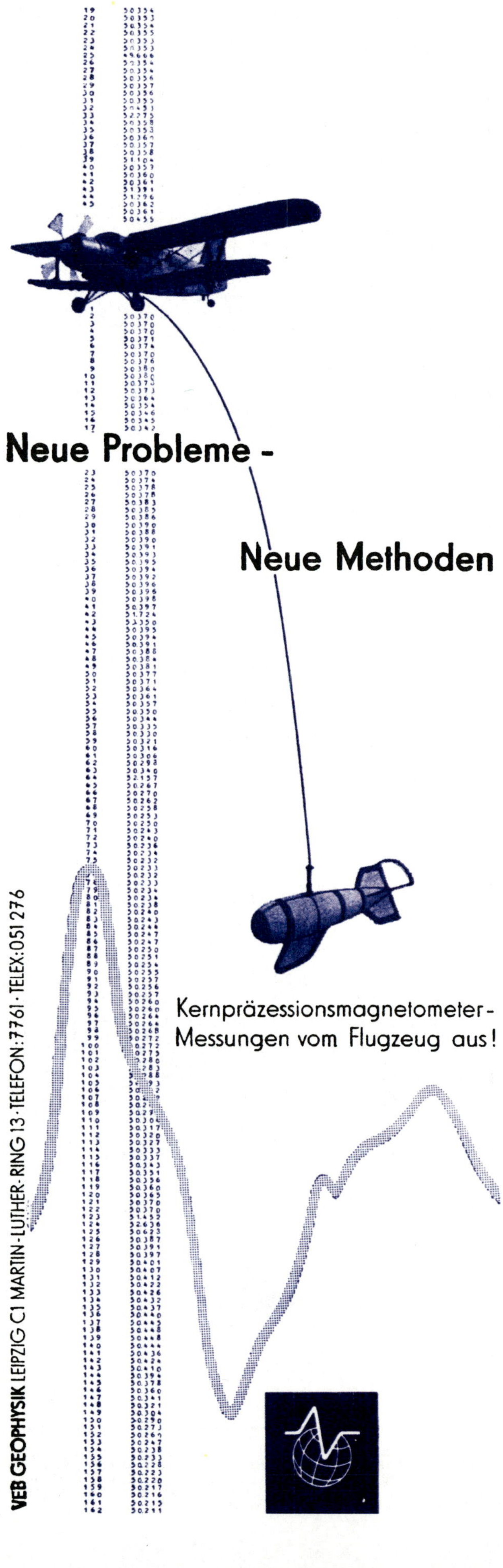

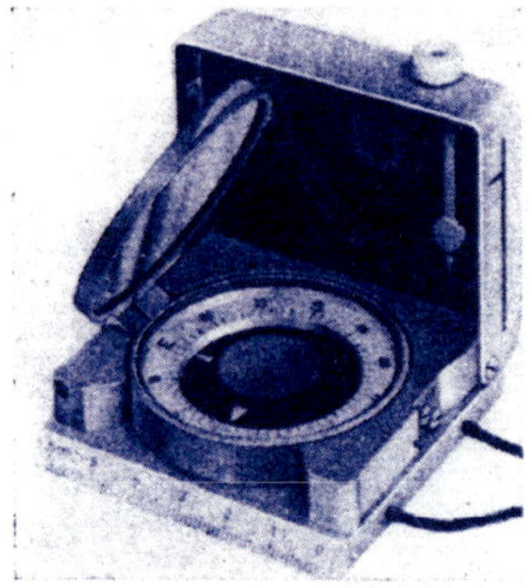

Universalkompaß System Bézard

für jedermann

Touristik / Geländesport / Topographie
Straßenbau usw.

Spiegelkompasse
Geologenkompasse
Markscheiderkompasse
mit Freiberger Hängezeug

VEB Freiberger Präzisionsmechanik

Freiberg (Sachsen)

G. M. Sarantschina

Die Fedorow-Methode

Übersetzung aus dem Russischen

Etwa 160 Seiten, etwa 70 Abbildungen, gr. 8°, Leinen, etwa DM 35,–

Das Werk bringt eine ausführliche und vollständige Anleitung für die optische Untersuchung von Kristallen und Gesteinen unter dem Polarisationsmikroskop mit Hilfe des Fedorow-Tisches. Im 1. Kapitel werden die Geräte und ihre Handhabung beschrieben. Das 2. Kapitel behandelt die Vermessung der optischen Indikatrix und die Methoden der Projektion und graphischen Berechnung der Meßergebnisse. Das 3. Kapitel ist speziell der Untersuchung optisch einachsiger und zweiachsiger Minerale gewidmet, wobei alle wesentlichen Erscheinungen vorzüglich erläutert und die Methoden ihrer Untersuchung eingehend beschrieben sind. Im 4. Kapitel wird die Bestimmung der Doppelbrechung mit Hilfe des Universaldrehtisches und von optischen Kompensatoren beschrieben. Das 5. Kapitel ist der Anwendung der Fedorow-Methode für die Plagioklasbestimmung und für die Bestimmung der Kalifeldspate gewidmet. Das 6. Kapitel behandelt die Vermessung der Pyroxene und Amphibole unter dem Fedorow-Tisch. Das 7. Kapitel ist der Untersuchung der Minerale mit Hilfe eines 5achsigen Universaldrehtisches gewidmet. Die Vorteile gegenüber dem Arbeiten mit dem 4achsigen gewöhnlichen U-Tisch werden sowohl für die Vermessung der optischen Konstanten als auch für die Bestimmung der chemischen Zusammensetzung der Plagioklase erläutert.

Bestellungen beim Buchhandel erbeten

VEB DEUTSCHER VERLAG
DER WISSENSCHAFTEN
BERLIN W 8